Edition Nachhaltig wirtschaften

Reihe herausgegeben von

Ralf T. Kreutzer, Hochschule für Wirtschaft und Recht, Berlin, Deutschland

Nachhaltigkeit ist heute in aller Munde. Doch es reicht nicht, nur darüber zu reden, man muss auch handeln!

Dazu will die **Edition Nachhaltig wirtschaften** einen wichtigen Beitrag leisten – mit **Denkanstößen** und vor allem mit **Handlungsimpulsen**. Neben den für Veränderungsprozesse notwendigen psychologischen, soziologischen und systemischen Grundlagen werden u. a. die Themen nachhaltige Unternehmensführung, Kreislaufwirtschaft, Green Marketing/Green Branding, grüne Finanzstrategien, ethischer Konsum und nachhaltiges Innovationsmanagement diskutiert.

Tobias Kesting • Viviane Scherenberg

Nachhaltigkeits-kommunikation in der Gesundheitswirtschaft

Wie Sie nachhaltig agieren und glaubwürdig kommunizieren

Tobias Kesting
FB Public Health und Umweltgesundheit
APOLLON Hochschule der
Gesundheitswirtschaft
Bremen, Deutschland

Viviane Scherenberg
FB Public Health und Umweltgesundheit
APOLLON Hochschule der
Gesundheitswirtschaft
Bremen, Deutschland

ISSN 3004-8516　　　　　　　ISSN 3004-8524 (electronic)
Edition Nachhaltig wirtschaften
ISBN 978-3-658-47357-0　　　ISBN 978-3-658-47358-7 (eBook)
https://doi.org/10.1007/978-3-658-47358-7

Die Deutsche Nationalbibliothek verzeichnet diese Publikation in der Deutschen Nationalbibliografie; detaillierte bibliografische Daten sind im Internet über https://portal.dnb.de abrufbar.

Planung/Lektorat: Angela Meffert
Springer Gabler ist ein Imprint der eingetragenen Gesellschaft Springer Fachmedien Wiesbaden GmbH und ist ein Teil von Springer Nature.
Die Anschrift der Gesellschaft ist: Abraham-Lincoln-Str. 46, 65189 Wiesbaden, Germany

Vorwort der „Edition Nachhaltig wirtschaften"

Liebe Leserin, lieber Leser,

ich begrüße Sie als Herausgeber der „**Edition Nachhaltig wirtschaften**" ganz herzlich. In dieser Reihe beleuchten wir die **Notwendigkeit einer nachhaltigen Unternehmensführung** in allen ihren relevanten Aspekten. Aus verschiedenen Perspektiven wird deutlich, dass ein nachhaltiges Agieren weit über ein bloßes Profitstreben hinausgeht. Unternehmen sind heute aus gesellschaftlichen, rechtlichen und zunehmend auch wirtschaftlichen Gründen dazu aufgefordert, gleichzeitig eine **ökologische, soziale und ökonomische Nachhaltigkeit** ihres Handelns sicherzustellen.

In dieser Edition wird eine Vielzahl von Themenbereichen abgedeckt. Diese ranken sich um **grüne Technologie** bis zu **nachhaltigen Unternehmensstrategien**, um die Potenziale der **Kreislaufwirtschaft** zu erschließen. Weitere Werke widmen sich den Themen **Green Marketing** und **Green Branding**. Hierzu werden auch die **psychologischen Grundlagen** beleuchtet, die für einen Bewusstseins- und Verhaltenswandel wichtig sind. Zusätzlich werden Fragen der **Wirtschaftsethik** sowie des **Green Controllings** angesprochen. Darüber hinaus wird diskutiert, wem bei der nachhaltigen Transformation eine besondere Verantwortung zukommt: einem **Chief Sustainability Officer**.

Unsere Welt steht vor großen Herausforderungen! Hier ist an den Klimawandel, soziale Ungleichheiten und die Endlichkeit unserer Ressourcen zu denken. Die Unternehmen spielen bei der Bewältigung dieser Probleme eine entscheidende Rolle. Eine **nachhaltige Unternehmensführung** ist nicht nur ein Imperativ für das Überleben der Unternehmen selbst, sondern sie ist auch für das Überleben der Menschheit unverzichtbar. Die **Zukunft unseres Planeten** hängt davon ab, wie wir heute wirtschaften. Daher hoffen wir, dass diese Edition Sie dazu inspiriert,

aktiv an der Gestaltung einer nachhaltigeren Wirtschafts- und Unternehmensland-
schaft mitzuwirken. Mit diesem Wissen sind Sie gut gerüstet, um einen positiven
Einfluss auf unsere gemeinsame Zukunft auszuüben.

Ich wünsche Ihnen viel Lesespaß – und vor allem ein gutes Händchen bei der
Umsetzung!

Ihr

Berlin, Deutschland   Ralf T. Kreutzer

Vorwort

Nachhaltigkeit ist in aller Munde. Angesichts des Klimawandels und knapper werdender Ressourcen steigen die gesamtgesellschaftlichen Erwartungen an Organisationen, nachhaltig und verantwortungsvoll zu agieren. Dies betrifft die Gesundheitswirtschaft in besonderem Maße. Es stellt sich für sie die folgende zentrale Frage: **Wie können gelebte Nachhaltigkeit und nachhaltiges Agieren in der gesundheitswirtschaftlichen Praxis funktionieren?** Hierzu bedarf es nicht nur eines strategischen Vorgehens, sondern auch effektiver, glaubwürdiger Kommunikationsaktivitäten.

Dazu konkretisieren wir für die Gesundheitswirtschaft die Besonderheiten von Nachhaltigkeitsengagement und dessen Kommunikation. Wir legen dabei den Schwerpunkt auf die Innen- und Außenkommunikation „echter" Nachhaltigkeit mit Fokus auf die ökologische Dimension. Hierbei gehen wir detailliert darauf ein, was glaubwürdige Nachhaltigkeitskommunikation ausmacht und wie Kommunikationsdefizite vermeidbar sind. Unterlegt werden die Inhalte durch Praxisbeispiele von Krankenhäusern, die die anspruchsgruppenbezogene Vielfalt und Vielschichtigkeit von Nachhaltigkeitsengagement und -kommunikation in der Gesundheitswirtschaft in besonderem Maße vertreten und daher, u. a. mithilfe von Interviews, vertiefend beleuchtet werden. Deshalb bedanken wir uns auf diesem Weg ganz herzlich bei unseren Interviewpartnern: Herrn **Dr. Matthias Albrecht** (Geschäftsführer Klimaresiliente Gesundheitseinrichtungen, Deutsche Allianz Klimawandel und Gesundheit e. V. (KLUG)), Herrn **Dr. Marc Hoffmann** (Stabsstelle Umweltschutz und Nachhaltigkeit, Universitätsklinikum Jena) und Herrn **Thomas Voß** (Kaufmännischer Direktor, LWL-Kliniken Münster und Lengerich), die durch ihre wertvollen praktischen Impulse wesentlich zum Gelingen des Werkes beigetragen haben.

Aus der Analyse mehrerer Ebenen (organisations-, produkt- und/oder prozess-bezogen) und Stakeholder-Perspektiven (insb. Patient*innen, (künftige) Mit-arbeitende und die allgemeine Öffentlichkeit), aus Praxisbeispielen sowie aus Impulsen der Interviews entwickeln wir zentrale Handlungsempfehlungen und einen Leitfaden für nachhaltiges Handeln und dessen glaubwürdige Kommunikation in der Praxis der Gesundheitswirtschaft. Diesen Leitfaden können große und kleinere gesundheitswirtschaftliche Organisationen nutzen.

Wir wünschen Ihnen spannende Erkenntnisse und Inspirationen für die Praxis!

Bremen, Deutschland   Tobias Kesting
im Dezember 2024   Viviane Scherenberg

Wie Ihnen dieses Buch beim nachhaltigen Wirtschaften helfen wird

- Das Buch vermittelt Ihnen Grundlagen zur Innen- und Außenkommunikation von „echter" Nachhaltigkeit in der Gesundheitswirtschaft.
- Begriffserklärungen und -abgrenzungen im Kontext der Nachhaltigkeitskommunikation erleichtern Ihnen die Strategieentwicklungen als Basis zur Umsetzung.
- Praxisbezogene Beispiele gewährleisten die Anschaulichkeit der Inhalte und liefern Ihnen Impulse für die eigene Praxis.
- Es gibt gesundheitswirtschaftlichen Organisationen spezifische Handlungsempfehlungen zur internen und externen Nachhaltigkeitskommunikation an die Hand.
- Diese Handlungsempfehlungen sind differenziert nach unterschiedlichen Dimensionen und erfolgen unter Berücksichtigung der Anspruchsgruppenvielfalt (Patient*innen, Mitarbeitende, künftige Arbeitnehmer*innen, Gesellschaft).

Inhaltsverzeichnis

Über die Autoren

Prof. Dr. Tobias Kesting ist Professor für Allgemeine Betriebswirtschaftslehre, insbesondere Marketing und Innovation, an der APOLLON Hochschule der Gesundheitswirtschaft in Bremen. Zudem arbeitet er als freiberuflicher Berater für organisationales Marketing und Management und fungierte im Wissenschaftsnetzwerk UIIN (University-Industry Innovation Network) als Director of the Scientific Board. Er verfügt über jahrelange umfassende Erfahrung in der Umsetzung und Anwendung von Marketing- und Managementkonzepten in der Wirtschaftspraxis. Seine Forschungsinteressen liegen im Bereich des Digital Marketings, des Dienstleistungsmarketings sowie des Marketings und Innovationsmanagements in Bezug auf inter-organisationale Kooperationen. tobias.kesting@apollon-hochschule.de

Prof. Dr. Viviane Scherenberg leitet den Fachbereich Public Health und Umweltgesundheit bei der APOLLON Hochschule der Gesundheitswirtschaft in Bremen. Sie hat bereits 2011 zum Thema Nachhaltigkeit im Gesundheitswesen am Zentrum für Sozialpolitik (Universität Bremen) promoviert. Ihre Forschungsschwerpunkte sind Gesundheitsmarketing, ePublic Health, Nachhaltigkeit im Gesundheitswesen (inkl. Klimawandel und Gesundheit). Vor ihrer Hochschultätigkeit war sie 8 Jahre in der Industrie und 13 Jahre in einer Marketingagentur (u. a. Leitung des Bereichs Health- & Socialcare) tätig. Zudem engagiert sie sich u. a. bei der Gesellschaft für Nachhaltigkeit e.V. viviane.scherenberg@apollon-hochschule.de

Energieknappheit, Rohstoffmangel und die Klimakrise stellen Politik, Wirtschaft und Gesellschaft vor fortwährende Herausforderungen (vgl. Horneber et al., 2023, S. 11). In diesem Gesamtkontext werden Nachhaltigkeit, nachhaltiges Wirtschaften und damit auch nachhaltige Unternehmensführung zunehmend zu einer strategischen Komponente und somit zu einem erfolgskritischen Faktor unternehmerischen Handelns von Organisationen (vgl. Bethke, 2023, S. 1; Kreutzer, 2023, S. V–VI). Zudem führ(t)en die Erfahrungen aus der COVID-19-Pandemie zu einem verstärkten Nachhaltigkeitsbewusstsein (vgl. BMG, 2021, S. 5).

Im Kontext nachhaltiger Unternehmens- bzw. Organisationsführung zeigen die sog. 10 Rs konkrete Handlungsfelder auf. Hierzu gehören z. B. die Neugestaltung oder Überarbeitung von Produkten und Prozessen (Rethink), der diesbezügliche Prozess (Redesign) und die Umnutzung, d. h. die Zuführung bestehender Produkte oder Materialien zu einem neuen *Verwendungszweck* (Repurpose). Die weiteren sind: Refuse, Reduce, Reuse, Repair, Refurbishing, Refabrication (Remanufacturing) und Repurpose (vgl. Kreutzer, 2023, S. 26–33). Produkt (Synonym: Leistung) wird als Oberbegriff für Sachgüter, Dienstleistungen und Sachgut-Dienstleistungs-Kombinationen und im Sinne des generischen Produktbegriffs verwendet. Letzterer umfasst sämtliche Produktfacetten (materiell und immateriell), die Kundennutzenpotenzial bieten (vgl. Homburg, 2020, S. 599–600; Harland & Scheidweiler, 2010, S. 157).

Nachhaltigkeit, v. a. Umwelt- und Klimaschutz, erfährt inzwischen auch in der Gesundheitswirtschaft eine steigende Bedeutung (vgl. Horneber et al., 2023, S. 17). Diese Entwicklung wird durch politische Entscheidungen weiter vorangetrieben, bspw. durch die EU-Richtlinie in Bezug auf die CSR-Berichterstattung (vgl. Groenewoud, 2023, S. 182). Folglich sind viele gesundheitswirtschaftliche Organisationen auf dem Weg zu mehr Nachhaltigkeitsengagement (vgl. Scherenberg & Kesting, 2023, S. 60). Zudem ermöglicht die Digitalisierung verstärktes Nachhaltigkeitsengagement, z. B. durch Videosprechstunden (vgl. Bohnet-Joschko, 2023, S. 59–60). So stieg während der Corona-Pandemie die Relevanz telemedizinischer Leistungen (vgl. BMG, 2024). Insgesamt wird das Nachhaltigkeitspotenzial bisher nicht ausgeschöpft. Nachhaltigkeit gilt in vielen Bereichen noch nicht als handlungsleitend (vgl. Horneber et al., 2023, S. 17). Doch für die Gesundheitswirtschaft ist sie in mehrfacher Hinsicht relevant: So hat der Klimawandel einen negativen Einfluss auf Gesundheit und Wohlbefinden. Er begünstigt u. a. das Auftreten von Infektionskrankheiten sowie psychischer und hitzebedingter Erkrankungen (vgl. Horneber et al., 2023, S. 17). Im Vergleich zum Beginn des Jahrtausends stiegen die hitzebedingten Todesfälle in den letzten Jahren erheblich. Wetterextreme führen zu mehr Ernährungsunsicherheit, etwa durch ausbleibende Ernten (vgl. Bethke, 2023, S. 8). Deutschlands Beitrag zur Pandemieprävention und -reaktion fand als wesentliche Komponente Einzug in die von der Bundesregierung ausgearbeitete Deutsche Nachhaltigkeitsstrategie (vgl. BMG, 2021, S. 5). Zudem trägt die Gesundheitswirtschaft selbst zum Klimawandel bei, etwa mit Blick auf die Nettoemissionen an Treibhausgasen, durch einen hohen Wasserverbrauch oder die Verwendung von Einmalartikeln (vgl. Horneber et al., 2023, S. 18; ARUP, 2019). Der letztgenannte Aspekt spiegelt das Konzept einer Linearwirtschaft (Linear Economy) wider. Diese bezeichnet die Verwendung von Ressourcen für eine einmalige Nutzung (vgl. Kreutzer, 2023, S. 5) und steht dem Grundgedanken der Nachhaltigkeit entgegen. In Anlehnung an Paul Watzlawicks bekanntes Axiom *„Man kann nicht nicht kommunizieren"* (Watzlawick, 2016) gilt in Bezug auf Nachhaltigkeit, dass Organisationen nicht nachhaltigkeitsneutral agieren können. Konkret bedeutet dies: Wenn Organisationen die Entscheidung treffen, keinen Nachhaltigkeitsbeitrag zu leisten, entscheiden sie sich damit implizit für einen Beitrag zu einer nicht nachhaltigen Entwicklung (vgl. Fischer, 2024, S. 9).

Letzteres erweist sich als problematisch, da gerade größere Organisationen einer Vielzahl von Anspruchsgruppen gegenüberstehen, die nachhaltiges Denken und Handeln erwarten und fordern. Sofern diese Organisationen in punkto Nachhaltigkeit aktiv sind, ist es – im Sinne des nachhaltigkeitsorientierten Marketingansatzes (vgl. Meffert et al., 2024, S. 46) – entscheidend, Engagement glaubwürdig zu kommunizieren (vgl. Scherenberg & Kesting, 2023, S. 60). Daher bedarf es eines detaillierten, anspruchsgruppengerechten Kommunikationsplans (vgl. Thiemann, 2023, S. 31). Somit ergeben sich für Nachhaltigkeitsaktivitäten drei Kernschritte:

- Planung und Entwicklung
- Umsetzung und
- Kommunikation.

Diese Schritte beinhalten nachhaltiges Agieren und glaubwürdiges Kommunizieren. Sie sind genau aufeinander abzustimmen. So stellen Verantwortliche eine stichhaltige und inhaltlich konsistente Kommunikation sicher (vgl. Scherenberg & Kesting, 2023, S. 61), die ein Schlüsselfaktor der Nachhaltigkeitsarbeit ist (vgl. Moock, 2024, S. 167). Diese Kommunikation ist organisationsintern (Innenkommunikation) und -extern (Außenkommunikation) professionell zu planen und zielgruppengerecht zu gestalten.

Nachhaltigkeitsengagement kann seine Nutzenwirkung nur dann adäquat entfalten, wenn (angemessen) kommuniziert wird. Eine im Sommer 2024 durchgeführte Analyse nachhaltigkeitsbezogener Online-Kommunikation von Krankenhäusern zeigt, dass viele größere Kliniken bisher keine strukturierte und plattformübergreifend aufeinander abgestimmte Kommunikation ihrer klimaschutzbezogenen Nachhaltigkeitsaktivitäten vornehmen (vgl. Loßin et al., 2024, S. 991–992). Online-Kommunikation, v. a. Social-Media-Kommunikation, gewinnt mit Blick auf Nachhaltigkeitsinhalte zunehmend an Bedeutung (vgl. Meffert et al., 2024, S. 643) – sowohl für die (öffentliche) Imagewirkung als auch für die Nachfragewirkung auf dem Arbeitsmarkt bzw. bei (potenziellen) Patient*innen und deren Angehörigen. Somit bietet Nachhaltigkeitskommunikation ein ökonomisches Potenzial. Diese Überlegungen bilden die Basis für das vorliegende Werk.

Es fokussiert sich auf den Kommunikationsaspekt von Nachhaltigkeit in der Gesundheitswirtschaft. Die Kommunikation richtet sich an verschiedene externe und interne Anspruchsgruppen, insb. an Patient*innen, aktuelle und künftige Mitarbeitende, externe Partner*innen und die Öffentlichkeit. Der Fokus liegt auf der ökologischen Nachhaltigkeit, zumal diese in der Außenkommunikation wie auch in der Literatur gemäß Befragungen zum Thema, u. a. mit dem Schlüsselbegriff „**Green Health**", eine besondere Resonanz erfährt (vgl. DKI & imug|research, 2024, S. 18–22; Hartmannbund, 2024; Leveringhaus & Wibbeling, 2023).

Das Buch gliedert sich in fünf Kapitel. Kap. 2 vermittelt die Grundlagen in thematischer und begrifflicher Hinsicht. Die Ausführungen beginnen mit der Einordnung und Erläuterung von Nachhaltigkeit und Nachhaltigkeitskommunikation und leiten auf die Besonderheiten von Nachhaltigkeitskommunikation in der Gesundheitswirtschaft über. Kap. 3 beleuchtet Nachhaltigkeitskommunikation auf der organisationalen sowie auf der Produkt- und Prozessebene. Anschließend wird darauf eingegangen, wie Kommunikationsdefizite verhindert und glaubwürdiges Nachhaltigkeitsengagement und dessen Kommunikation realisiert werden können.

Aus den gewonnenen Erkenntnissen leitet Kap. 4 zentrale Handlungsempfehlungen und einen Praxisleitfaden in Bezug auf die glaubwürdige Kommunikation von Nachhaltigkeitsaktivitäten in der Gesundheitswirtschaft ab. Kap. 5 fasst die Ausführungen im Rahmen eines Fazits zusammen.

▶ **Nachhaltig merken** Organisationen können nicht nachhaltigkeitsneutral agieren. Glaubwürdige Nachhaltigkeitskommunikation kann einen strategischen Wettbewerbsvorteil begründen.

▶ **Nachhaltig handeln** Es ist in Bezug auf Nachhaltigkeitsaktivitäten entscheidend, diese nicht nur zu planen, zu entwickeln und umzusetzen, sondern sie auch adäquat zu kommunizieren.

Literatur

ARUP. (2019). Health care's climate footprint. How the health sector contributes to the global climate crisis and opportunities for action. https://noharm-global.org/sites/default/files/documents-files/5961/HealthCaresClimateFootprint_092319.pdf. Zugegriffen am 28.06.2024.

Bethke, M. (2023). *Nachhaltiges Wirtschaften als Erfolgsfaktor. Herausforderungen, Strategien und Best Practices für ein zukunftsfähiges Unternehmen.* Springer Gabler.

BMG – Bundesministerium für Gesundheit. (2021). Nachhaltigkeit für Gesundheit und Pflege. Nachhaltigkeitsbericht 2021 des Bundesministeriums für Gesundheit. https://www.bundesgesundheitsministerium.de/fileadmin/Dateien/5_Publikationen/Ministerium/Berichte/Ressortbericht-gesundheit-und-pflege-data.pdf. Zugegriffen am 12.09.2024.

BMG – Bundesministerium für Gesundheit. (2024). Telemedizin. https://www.bundesgesundheitsministerium.de/service/begriffe-von-a-z/t/telemedizin. Zugegriffen am 12.09.2024.

Bohnet-Joschko, S. (2023). Digitalisierung und Klimaschutz. Wirkung des Megatrends auf Nachhaltigkeit im Gesundheitswesen. In S. Bohnet-Joschko & K. Pilgrim (Hrsg.), *Handbuch Digitale Gesundheitswirtschaft. Analysen und Fallbeispiele* (S. 57–61). Springer Gabler.

DKI, & imuglresearch. (2024). Klinikreport Nachhaltigkeit. Wie weit sind Deutschlands Krankenhäuser? Düsseldorf, Hannover und Berlin. https://www.dki.de/fileadmin//user_upload/KlinikreportNachhaltigkeit2024.pdf. Zugegriffen am 21.09.2024.

Fischer, M. (2024). *Nachhaltigkeitsmanagement im Gesundheitswesen. Konzeptionelle Grundlagen und Orientierungshilfen.* Springer Gabler.

Groenewoud, A. (2023). Nachhaltige Transformation des Gesundheitswesens am Beispiel von Versorgungs-/Patientenpfaden. In J. Leveringhaus & S. Wibbeling (Hrsg.), *Green Health. Nachhaltiges Wirtschaften im Gesundheitswesen* (S. 182–185). Medizinisch Wissenschaftliche Verlagsgesellschaft.

Harland, P., & Scheidweiler, I. (2010). Mit Kooperationen zum Vertriebserfolg – wie sich führende Unternehmen der Customer-Care-Branche mit Service-Innovationen im Wettbewerb behaupten. In T. Baaken, U. Höft, & T. Kesting (Hrsg.), *Marketing für Innovationen. Wie innovative Unternehmen die Bedürfnisse ihrer Kunden erfüllen* (S. 151–174). Harland Media.

Hartmannbund. (2024). Umfrage des Hartmannbundes zu Green Hospital. Klimaschutz durch Klimafonds ermöglichen! https://www.hartmannbund.de/berufspolitik/umfragen/klimaschutz/umfrage-des-hartmannbundes-zu-green-hospital/. Zugegriffen am 07.10.2024.

Homburg, C. (2020). *Marketingmanagement. Strategie – Instrumente – Umsetzung – Unternehmensführung* (7. Aufl.). Springer Gabler.

Horneber, M., Möller, C., & Tegtmeier, C. (2023). *Nachhaltigkeitsmanagement im Gesundheitswesen. Verantwortung für die Zukunft übernehmen.* Kohlhammer.

Kreutzer, R. T. (2023). *Kreislaufwirtschaft. Wie Projektplanung und Umsetzung gelingen.* Springer Gabler.

Leveringhaus, J., & Wibbeling, S. (Hrsg.). (2023). *Green Health. Nachhaltiges Wirtschaften im Gesundheitswesen.* Medizinisch Wissenschaftliche Verlagsgesellschaft.

Loßin, A., Kesting, T., & Schubert, R. (2024). Auswirkungen der obligatorischen Nachhaltigkeitsberichterstattung auf die Kommunikation und Durchführung von Klimaschutzaktivitäten von Krankenhäusern. Wird der Nachhaltigkeitsbericht zum Gamechanger in der Klimakommunikation? *das Krankenhaus, 11*, 990–995.

Meffert, H., Burmann, C., Kirchgeorg, M., & Eisenbeiß, M. (2024). *Marketing. Grundlagen marktorientierter Unternehmensführung. Konzepte – Instrumente – Praxisbeispiele* (4. Aufl.). Springer Gabler.

Moock, P. (2024). *SDGs im Mittelstand. Nachhaltigkeit in Unternehmen ganzheitlich umsetzen.* Springer Gabler.

Scherenberg, V., & Kesting, T. (2023). Marketing meets Sustainability. Im multiplen Spannungsfeld stichhaltig kommunizieren. *Health & Care Management, 14*(7), 60–63.

Thiemann, J. (2023). *Nachhaltigkeit in Unternehmen integrieren. Strategische Planung – Umsetzung – Monitoring.* Springer Gabler.

Watzlawick, P. (2016). *Man kann nicht nicht kommunizieren. Das Lesebuch* (2. Aufl.). Hogrefe.

2.1 Nachhaltigkeit und Nachhaltigkeitskommunikation

Mit der globalen Erderwärmung und den damit verbundenen wetter- und klima-bedingten Auswirkungen gewinnt Nachhaltigkeit an Bedeutung. Dabei wird der Begriff Nachhaltigkeit teils inflationär gebraucht, oft nur mit dem Bereich Umwelt-schutz in Verbindung gebracht oder falsch verwendet. Letzteres ist der Fall, wenn er sich nur auf die zeitliche Dimension bezieht und mit Langfristigkeit in Ver-bindung gebracht wird.

Die Konferenz *„United Nations Conference on Environment and Development (UNCED)"* der Vereinten Nationen in Rio de Janeiro im Jahr 1992 wird als Meilen-stein der Nachhaltigkeit angesehen, da hier soziale, ökologische und ökonomische Ziele verabschiedet wurden und damit die Basis für das traditionelle Drei-Säulen-Modell der Nachhaltigkeit entstand (vgl. United Nations, 1992). Die dort definier-ten Ziele konnten nicht vollständig verwirklicht werden. Daher wurde 2015 auf einem UN-Gipfel in New York die *„Agenda 2030 für nachhaltige Entwicklung"* verabschiedet. Diese sollte mit der Entwicklung der 17 ***„Sustainable Development Goals"*** (**kurz SDGs**, Abb. 2.1) einen besseren Orientierungsrahmen für die Um-setzung von Nachhaltigkeitszielen bieten (vgl. United Nations, 2015, S. 14–27).

Die SDGs stellen allgemeine, universelle Ziele für alle Mitgliedstaaten der UN dar, die 1.) jährlich überprüft werden und deren Entwicklung 2.) in einem Nach-haltigkeitsbericht alle vier Jahre von den Vereinten Nationen publiziert wird. Die Zielerreichung der SDGs mit 169 Unterzielen wird mit 244 Indikatoren überprüft und ist auf der Website des Statistischen Bundesamtes (www.sdg-indikatoren.de) einsehbar (vgl. Statistisches Bundesamt, 2024).

T. Kesting, V. Scherenberg, *Nachhaltigkeitskommunikation in der Gesundheitswirtschaft*, Edition Nachhaltig wirtschaften, https://doi.org/10.1007/978-3-658-47358-7_2

Abb. 2.1 Nachhaltigkeitsziele. (Quelle: United Nations, o. J.)

Die Vorstellung, dass Unternehmen die Verpflichtung haben, zum gesellschaftlichen Wohlergehen beizutragen, gewinnt in der Unternehmenswelt an Relevanz, denn die SDGs sollen dazu motivieren, Verantwortung über ihre traditionellen Geschäftstätigkeiten hinaus zu übernehmen. Methodische Ansätze zur Umsetzung und Bewertung dieser Leitidee wurden erstmals in den 1970er-Jahren entwickelt, bspw. durch Audits, Verhaltenskodizes und Unternehmensrankings in den Bereichen Umwelt und Soziales. Zudem wurden pragmatische Konzepte wie *Corporate Social Responsiveness* und *Corporate Social Performance* eingeführt, um das gesellschaftliche Engagement von Unternehmen messbar zu machen (vgl. Frederick, 1987, S. 148). Somit wurde soziale Verantwortung zu einer wünschenswerten Eigenschaft, um die sozialen Verhältnisse zu verbessern und das Engagement der Unternehmen öffentlichkeitswirksam darzustellen (vgl. Aßländer & Brink, 2008, S. 107). Mit der EU-Richtlinie *„Non-Financial Reporting Directive"* (NFRD), die im Jahr 2021 aktualisiert und als *„Corporate Sustainability Reporting Directive"* (CSRD) vom Europäischen Rat verabschiedet wurde, sind Unternehmen verpflichtet, eine CSR-Berichterstattung zu erstellen, um Transparenz hinsichtlich nachhaltiger und sozialer Praktiken zu gewährleisten. Seit 01.01.2024 greift die Regelung für das Geschäftsjahr 2023. Für die Umsetzung der CSR-Berichtspflicht laut *„Gesetz zur Stärkung der nichtfinanziellen Berichterstattung der Unternehmen in ihren Lage- und Konzernlageberichten"* (kurz CSR-Richtlinie-Umsetzungsgesetz) gibt der Deutsche Nachhaltigkeitskodex (DNK) (vgl. Rat für nachhaltige Entwicklung, 2017) eine Orientierung. Diese Leitlinien helfen dabei, die Anforderungen an die Berichterstattung zu verstehen und umzusetzen. Von dieser Berichtspflicht betroffen sind kapitalmarktorientierte Unternehmen, die mind. zwei der folgenden drei Kriterien erfüllen: eine Bilanzsumme von mehr als 20 Mio. €, einen Umsatz von mehr als 40 Mio. € und/oder im Durchschnitt mehr als 500 Mitarbeitende während des Geschäftsjahres. Diese Anforderungen dienen dazu, dass größere Unternehmen, die signifikante Ressourcen und Markteinflüsse haben, ihre Nachhaltigkeitsaktivitäten transparent darstellen und sich gegenüber der Gesellschaft verantworten. Sie gelten auch für gesundheitswirtschaftliche Organisationen, sofern diese die Kriterien erfüllen. Viele größere gesundheitsbezogene Einrichtungen haben bereits ihren Nachhaltigkeitsbericht in der DNK-Datenbank (www.deutscher-nachhaltigkeitskodex.de) hinterlegt (vgl. DNK, 2024). Dabei können die ESG(Environmental, Social, Governance) als Standard für nachhaltiges Wirtschaften angesehen werden. Sie adressieren Verantwortung in den Bereichen Umwelt, Soziales und gute Unternehmensführung (vgl. Kreutzer, 2023a, S. 68).

Abb. 2.2 zeigt, dass Nachhaltigkeit nicht nur gesellschaftlich geboten ist, sondern sich zu einer einflussreichen Unternehmensstrategie entwickelt hat. Nachhaltigkeit ist für Organisationen der Gesundheitswirtschaft relevant, die nach Möglichkeiten suchen, auf ökologische Trends und Veränderungen im gesellschaftlichen Bewusstsein zu reagieren, um umweltfreundlicher zu agieren. Dabei sind die Begriffe „nachhaltige Kommunikation", „Nachhaltigkeitskommunikation" und „CSR-Kommunikation" voneinander abzugrenzen, da sie sich inhaltlich unterscheiden. Während sich die nachhaltige Kommunikation auf die „nachhaltige" Wirkung im Sinne einer ressourcensparenden Kommunikationspolitik bezieht (vgl. Schulz et al., 2008, S. 34), wird von Nachhaltigkeitskommunikation gesprochen, wenn sich Beiträge auf gesellschaftsrelevante soziale, ökologische und

ESG-Kriterien

Environment	Social	Governance
• Reduktion der Auswirkungen des unternehmerischen Handelns auf den Klimawandel	• Beachtung der Menschenwürde und Einhaltung der Menschen- und Arbeitnehmerrechte	• Veröffentlichung der relevanten Werte und Guidlines des Unternehmens
• Schutz der natürlichen Ressourcen	• Sichere und ergonomische Gestaltung von Arbeitsplätzen	• Einhaltung der einschlägigen Gesetze und Regelwerke
• Steigerung der Effizienz des Ressourceneinsatzes	• Nichtdiskriminierung	• Gesetzeskonforme Abführung von Steuern
• Umsetzung einer Kreislaufwirtschaft	• Diversity	• Transparente Dokumentation der Prozesse zur Steuerung und Kontrolle des Unternehmens
• Nutzung erneuerbarer Energien	• „Faire" Behandlung und Bezahlung der Mitarbeiter – innerhalb der gesamten Lieferkette	
• Herstellung nachhaltiger Produkte	• Umfassende Angebote zur Fort- und Weiterbildung der Mitarbeiter	• Vorliegen gut nachvollziehbarer Vergütungs- und Beförderungsrichtlinien
• Einsatz nachhaltiger Technologien und Prozesse	• Verzicht auf eine Zusammenarbeit mit autoritären Regierungen	• Umsetzung einer auf Transparenz ausgerichteten Kommunikation – nach innen und außen
• Nachhaltiges Gebäudemanagement	• Übernahme gesellschaftlicher Verantwortung – über die Kernleistung des Unternehmens hinaus	• Fairness im Wettbewerb
• Nachhaltiges Wassermanagement	• Fairer Umgang mit Kunden	• Unabhängige Kontrollorgane
• Nachhaltige Mobilitäts- und Logistikkonzepte		

Abb. 2.2 ESG-Kriterien. (Quelle: Kreutzer, 2023a, S. 69)

wirtschaftliche Aspekte beziehen (vgl. Ziermann, 2007, S. 126). Von CSR-Kommunikation wird gesprochen, wenn soziale und ethische Aspekte betont werden. Folglich umfasst Nachhaltigkeitskommunikation – breiter ausgerichtet – alle Kommunikationsmaßnahmen und Initiativen eines Unternehmens, die darauf abzielen, wirtschaftliche, ökologische und soziale Nachhaltigkeit zu fördern. Dabei kann sich Nachhaltigkeitskommunikation auf viele Bereiche beziehen (vgl. Borges et al., 2023, S. 14–15):

- Auf das **Unternehmen selbst**: Hierunter werden Kommunikationsinhalte und -aktivitäten subsumiert, die sich auf gesellschaftsrelevante Unternehmenspraktiken beziehen, angefangen bei ressourcensparenden Prozessabläufen bis hin zu nachhaltigen Geschäftsmodellen.
- Auf die **angebotenen Produkte**: Hierunter fallen alle Kommunikationsinhalte und -aktivitäten, die sich auf „nachhaltige Produkte und Dienstleistungen" beziehen und die sowohl soziale, ökomische, gesundheitsbezogene als auch ökologische Aspekte während der Beschaffung, der Herstellung oder des Transportes betreffen.
- Auf das **soziale Engagement**: Hierunter werden Kommunikationsinhalte und -aktivitäten zusammengefasst, die über das unternehmensbezogene Handeln hinausgehen (z. B. Spenden).

Die Aufzählung zeigt, wie vielschichtig Nachhaltigkeitskommunikation ist und dass sie weit über eine bloße Berichterstattung hinausgeht. Um ein umfassendes Verständnis über Nachhaltigkeitskommunikation zu gewinnen, ist eine Analyse der Inhalte, Prozesse und Mechanismen der Nachhaltigkeitskommunikation notwendig. Einen solchen Einblick gibt das narrative CSR-Kommunikationsmodell (vgl. Wagner, 2022, S. 245), das die Meta-Narrative und die dazugehörigen Prozesse in der Nachhaltigkeitskommunikation kategorisiert (Tab. 2.1). Zudem betont das Modell Public Relations (PR; Öffentlichkeitsarbeit), d. h. die PR-orientierte Seite (CSR-PR), die oft im Zentrum der Nachhaltigkeitskommunikation steht, wobei Nachhaltigkeitsberichte die CSR-Kommunikation wesentlich repräsentieren. Der Vorteil des Modells liegt darin, dass es die unterschiedlichen Bereiche und Ziele der CSR-Kommunikation durch die Aufteilung in vier Dimensionen trennt. Das Hauptziel besteht darin, dass sich ein Unternehmen als „nachhaltiges Unternehmen" darstellt, um Kund*innen und weitere Stakeholder von seiner Nachhaltigkeit zu überzeugen (vgl. Wagner, 2018, S. 244–245). Interne CSR-Kommunikation umfasst dabei alle Kommunikationsprozesse, die die Unternehmensverantwortung klar und verständlich vermitteln. Dabei kommen Methoden der Bedeutungsvermittlung (*Sensegiving*) und Bedeutungsschaffung (*Sensemaking*) zur Anwendung.

Tab. 2.1 Narratives CSR-Kommunikationsmodell. (Quelle: in Anlehnung an Wagner, 2018, S. 244)

Kommunikation	von CSR	über CSR	für CSR	mit CSR
Klassifikation	CSR-Kommunikation im weiteren Sinne („CSR PR")		CSR-Kommunikation	Kommunikation CSR/Ethik
Narrativ	„Nachhaltiges Unternehmen"	„CSR-Management"	„Ko-Konstruktion von CSR"	„Rahmenbedingungen der Kommunikation"
Charakter	Erfolgskommunikation	Fortschrittskommunikation	Prozesskommunikation	Metakommunikation
Medium	Portrait, Bericht	Bericht, Report	Storytelling, Diskurs	Diskurs, Kodex
Ideal	Sensegiving	Sensegiving	Sensemaking & Sensegiving	Sensemaking & Sensegiving
Ziel	Persuasion	Information	Integration	Regulation

Ein Beispiel ist Storytelling, bei dem Führungskräfte durch Anekdoten (z. B. positive Erfahrungen und Erfolge bei der CSR-Umsetzung) eine Verbindung zu den Mitarbeitenden schaffen. Dies ermöglicht ein besseres Verständnis der CSR-Ziele und schafft eine gemeinsame kulturelle Basis für die Unternehmensverantwortung (vgl. Wagner, 2018, S. 246).

In Bezug auf die Anspruchsgruppen stellt Nachhaltigkeitskommunikation auf die folgenden Ziele ab (vgl. Heinrich & Schmidpeter, 2018, S. 2):

- **Imageverbesserung:** Durch das Engagement und die Transparenz in Sachen Nachhaltigkeit wird das Unternehmensimage positiv beeinflusst.
- **Vertrauensbildung:** Das Vertrauen bei Konsument*innen, Investor*innen und anderen Stakeholdern wird durch glaubwürdige Kommunikation beeinflusst.
- **Mitarbeiterbindung und -motivation:** Die Vermittlung der Unternehmenswerte und die Schaffung eines nachhaltigen Arbeitsumfelds tragen zur Steigerung der Mitarbeiterbindung und -motivation bei.
- **Marktdifferenzierung:** Durch herausgestellte Nachhaltigkeitsinitiativen und -leistungen ist es möglich, sich positiv vom Wettbewerb abzuheben.

Im Rahmen des Nachhaltigkeitsmarketings gewinnt Nachhaltigkeitskommunikation im Zuge des menschengemachten Klimawandels an erfolgskritischer Bedeutung. Aus Unternehmensperspektive lassen sich fünf nachhaltigkeitsorientierte Wettbewerbsstrategien (vgl. Tab. 2.2) unterscheiden (vgl. Grunwald & Schwill, 2022, S. 179).

Tab. 2.2 Nutzenarten, Strategietypen und Umsetzungsansatzpunkte nachhaltigkeitsorientierter Wettbewerbsstrategien. (Quelle: Grunwald & Schwill, 2022, S. 179, in Anlehnung an Dyllick, 2003, S. 268; Gminder, 2006, S. 101)

Nutzenart	Strategietyp	Ansatzpunkt für die Umsetzung
Verminderung bzw. Beherrschung von Risiken	„Sicher"	Nachhaltigkeitsorientiertes Risikomanagement
Verbesserung von Image und Reputation	„Glaubwürdig"	Nachhaltigkeitsorientiertes Kommunikationsmanagement (Credibility Management)
Verbesserung von Produktivität und Effizienz	„Effizient"	Nachhaltigkeitsorientiertes Kosten- und Ressourcenmanagement
Differenzierung im Markt	„Innovativ"	Nachhaltigkeitsorientiertes Innovations- und Marketingmanagement
Entwicklung von Märkten	„Transformativ"	Nachhaltigkeitsorientierte Lobby- und Öffentlichkeitsarbeit

- Die **Nachhaltigkeitsstrategie „sicher"** fokussiert sich auf die Verminderung und Beherrschung von Risiken, um Marktpositionen zu schützen. Dies wird durch ein nachhaltigkeitsorientiertes Risikomanagement erreicht, das langfristige, ökologische und soziale Herausforderungen berücksichtigt.
- Die **Nachhaltigkeitsstrategie „glaubwürdig"** befasst sich mit nachhaltigkeitsbezogenem Kommunikationsmanagement. Glaubwürdigkeit und Vertrauen sind zentrale Werte im Nachhaltigkeitskontext, wobei Greenwashing – das Missverhältnis zwischen symbolischen und substanziellen Nachhaltigkeitshandlungen – vermieden werden muss. Defensive Strategien wie Krisenmanagement sichern gegen Image- und Reputationsrisiken ab, während offensive Strategien nachhaltige Kommunikationsmaßnahmen und konkretes nachhaltiges Handeln betonen.
- Die **Nachhaltigkeitsstrategie „effizient"** zielt auf eine kostengünstige Erfüllung ökologischer und sozialer Anforderungen ab, bspw. durch nachhaltiges Ressourcenmanagement und Digitalisierung. Auch die soziale Effizienz kann durch eine positive Mitarbeitendenwahrnehmung gesteigert werden. Dabei können ressourceneffiziente Maßnahmen zu Kostensenkungen und ökologischen Vorteilen führen.
- Die **Nachhaltigkeitsstrategie „innovativ"** fördert die Entwicklung nachhaltiger Produkte, um sich von Wettbewerbern abzuheben und ökologische sowie soziale Vorteile zu realisieren. Ein innovationsorientiertes Produktangebot kann Beschaffungs- und Absatzmärkte positiv beeinflussen.
- Die **Nachhaltigkeitsstrategie „transformativ"** zielt darauf ab, aktiv eine nachhaltige wirtschaftliche und gesellschaftliche Entwicklung zu fördern. Diese Strategie beinhaltet eine konsequente Ausrichtung am Leitbild einer nachhaltigen Entwicklung und versteht nachhaltige Marktentwicklungen als Chance. Damit erfordert Nachhaltigkeitsmarketing „echte" nachhaltige Maßnahmen und proaktives Stakeholder-Engagement.

Dabei erweist sich eine Wettbewerbsstrategie, die proaktiv marktorientiert, ökologisch verantwortlich, sozial verträglich und ethisch reflektierend ist, im Sinne des Nachhaltigkeitsmarketings als besonders konsequent. Sie trägt markt-, umwelt- und gesellschaftsbezogenen Anforderungen Rechnung und geht deutlich über umweltbezogene Aspekte des Öko-Marketings hinaus (vgl. Grunwald & Schwill, 2022, S. 185; Balderjahn, 2004, S. 48–49). Eine solche Ausrichtung wird durch eine innovative, wettbewerbsorientierte Verhaltensstrategie ergänzt, die durch die Förderung von Innovationen Wettbewerbsvorteile sichert. Nachhaltigkeitsinnovationen bergen erhebliche Potenziale, um sich im Markt zu profilieren und zu differenzieren (vgl. Stanger, 2017, S. 64). Nicht ohne Grund wird Nachhaltigkeit als *„Key Driver of Innovations"* (Nidumolu et al., 2009, S. 57) angesehen.

▶ **Nachhaltig merken** Nachhaltigkeit stellt für Unternehmen kein „soziales Engagement", sondern eine ganzheitliche Pflicht dar, um als „nachhaltige Unternehmen" wahrgenommen zu werden.

▶ **Nachhaltig handeln** Unternehmen können unterschiedlichste Strategien verfolgen, um nachhaltig zu agieren und sich positiv vom Wettbewerb abzuheben.

2.2 Nachhaltigkeitskommunikation im Kontext der Gesundheitswirtschaft

Gemäß der Weltgesundheitsorganisation (WHO) bezeichnet „Gesundheit" einen Zustand, der sich durch vollständiges physisches, psychisches und soziales Wohlbefinden auszeichnet (vgl. WHO, 1946). Die Gesundheitswirtschaft stellt eine Querschnittsbranche dar, die die Erstellung von Gesundheitsprodukten (gesundheitsbezogene Produkte) umfasst (vgl. BMWK, 2023). Laut WHO handelt es sich im folgenden thematischen Kontext bei diesen um Produkte zur Prävention von Krankheiten, zur Wahrung bzw. Wiederherstellung von Gesundheit und/oder zur mittelbaren Gesundheits- bzw. Heilungsunterstützung. Demnach stellen Gesundheitsprodukte die Gesamtheit der in der Gesundheitswirtschaft zum Tragen kommenden Produkte dar (vgl. Kesting & Scherenberg, 2022, S. 6). Es wird deutlich, wie bedeutsam die planetare Gesundheit für gesundheitswirtschaftliche Organisationen ist, da diese im doppelten Sinne Verantwortung tragen: 1.) ist der Schutz ökologischer Systeme für das menschliche Überleben elementar und 2.) sind die menschliche und planetare Gesundheit unmittelbar miteinander verknüpft (vgl. Whitmee et al., 2015, S. 1978). Umweltfreundliche Praktiken und die Integration nachhaltiger Strategien können Umweltbelastungen verringern und die menschliche Gesundheit positiv beeinflussen.

Nachhaltigkeitsmarketing integriert verschiedene Marketingansätze, wie bspw. Beziehungsmarketing (**Relationship Marketing**), Social Marketing, Öko- bzw. Umweltmarketing und De- bzw. Kontramarketing. Es zielt auf die Kommunikation von Produkten, Praktiken und Markenwerten ab, die ökologisch und sozial vertretbar sind (vgl. Combe, 2022, S. 140; Belz & Peattie, 2012, S. 16–17). Zudem beinhaltet es soziale Aspekte sowie intra- und intergenerative Gerechtigkeit (vgl. Kenning, 2014, S. 19). Dabei fokussiert sich Nachhaltigkeitsmarketing auf die Verknüpfung ökologischer und sozialer Potenziale mit Kundennutzen- und Wettbewerbsvorteilen. Dies dient der Analyse, Planung, Umsetzung und Kontrolle aller

Aktivitäten zur Vermeidung oder Reduzierung ökologischer, gesundheitlicher und sozialer Probleme. Die Schaffung eines nachhaltigen Nutzens kann die gesellschaftliche Legitimität organisationalen Handelns sichern und Wettbewerbsvorteile ermöglichen (vgl. Meffert et al., 2024, S. 45–46; Kupp, 2013, S. 323; Meffert & Kirchgeorg, 1998, S. 27).

Das ebenfalls weit gefasste **Gesundheitsmarketing** subsumiert sämtliche Aktivitäten zur Steigerung gesundheitsförderlicher Verhaltensweisen sowie zur Entwicklung, Bepreisung, Distribution und Kommunikation gesundheitspositionierter Produkte. Dabei ist es interdisziplinär ausgerichtet und integriert gesundheitsökonomische Rahmenbedingungen sowie gesundheitspsychologische Grundlagen (vgl. Mai et al., 2012, S. 11).

Nachhaltigkeitskommunikation bildet einen Teilbereich des **Nachhaltigkeitsmarketings** und ist für das Gesundheitsmarketing relevant. Wenn Nachhaltigkeitskommunikation mittelbar oder unmittelbar zu den Zielen des Gesundheitsmarketings beizutragen vermag (z. B. Kommunikationsmaßnahmen zur verstärkten Fahrradnutzung statt Autos), kann Nachhaltigkeitskommunikation als Teilausprägung des Gesundheitsmarketings aufgefasst werden.

Die Kommunikation einer auf Nachhaltigkeit ausgerichteten Positionierung gewinnt generell an Relevanz (vgl. Moock, 2024, S. 167), so auch in der Gesundheitswirtschaft (vgl. Horneber et al., 2023, S. 17). Laut dem Klinikreport Nachhaltigkeit 2024 berichten rund 50 % der Krankenhäuser extern oder intern zum Thema Nachhaltigkeit (vgl. DKI & imug|research, 2024, S. 41). Verstärkt wird die steigende Bedeutung der Nachhaltigkeitskommunikation durch das Erfordernis einer anspruchsgruppengerechten Kommunikation. Das Verständnis von Patienten als Konsument*innen gesundheitswirtschaftlicher Leistungen (z. B. Patientensouveränität) führt(e) zu einem substanziellen kommunikativen Wandel (vgl. Hubatka, 2022, S. 50–51). Dieser schlägt sich auch in der Kommunikation gegenüber weiteren Anspruchsgruppen nieder (z. B. gegenüber Zuweiser*innen und Lieferant*innen).

Zu beachten ist, dass sich gesundheitswirtschaftliche Organisationen bzgl. der Nachhaltigkeitskommunikation in einem vielfältigen Spannungsfeld bewegen, in dem es neben gesellschaftlicher Verantwortung, Umweltaspekten und ökonomischem Druck auch um Hygienevorschriften und Patientensicherheit geht (vgl. Scherenberg & Kesting, 2023, S. 60). Das Gesundheitssystem ist eines der komplexesten gesellschaftlichen Sub-Systeme und charakterisiert von sachlichen sowie vielfach emotional geprägten, Zielkonflikte bergenden Diskussionen (vgl. Fischer, 2024, S. 10).

Die in Abschn. 2.1 adressierten SDGs stehen für eine zentrale Leitlinie, Organisationen zunehmend in Richtung Nachhaltigkeit zu bewegen (vgl. Kreutzer, 2023b, S. 9). Verstärkt wird dies durch die künftig für viele Organisationen obligatorische Nachhaltigkeitsberichterstattung (vgl. Horneber et al., 2023, S. 117). So besteht seit 2025 u. a. für Kliniken, in Abhängigkeit der Größe und Rechtsform, die Pflicht zur Erstellung eines Nachhaltigkeitsberichts. Grundlage hierfür ist die *Corporate Sustainability Reporting Directive (CSRD)* der Europäischen Union. Seit dem 01.01.2025 gilt die Berichtspflicht für alle bilanzrechtlich großen Unternehmen. Sie fokussiert sich auf eine Ausweitung der Nachhaltigkeitsberichterstattung (vgl. BMAS, 2024a; Europäische Union, 2022). Seit 2024 fallen Unternehmen mit 1000 oder mehr Arbeitnehmer*innen unter das **Lieferkettensorgfaltspflichtengesetz** (Gesetz über die unternehmerischen Sorgfaltspflichten in Lieferketten, LkSG). Bei diesem steht nachhaltige Beschaffung im Fokus (vgl. Fischer, 2024, S. 40–41). Es dient der Regelung unternehmerischer Verantwortung in Bezug auf die Beachtung von Menschenrechten (insb. faire Entlohnung, Schutz vor Kinderarbeit) und Umweltschutz in globalen Lieferketten (vgl. BMAS, 2024b; Schubert, Lender, & Asjoma, 2024, S. 63).

Auch das Bundesministerium für Gesundheit (BMG) hat reagiert und veröffentlichte 2021 den Nachhaltigkeitsbericht für Gesundheit und Pflege (vgl. BMG, 2021). Bereits vor dessen Publikation hat das BMG Nachhaltigkeit strategisch mit der Gründung der Abteilung *„Gesundheitssicherheit, Gesundheitsschutz, Nachhaltigkeit"* verankert. Die Abteilung fokussiert sich auf alle Fragen in Bezug auf die Deutsche Nachhaltigkeitsstrategie, die Nachhaltigkeitsziele und die Koordination abteilungsübergreifender Aktivitäten (vgl. BMG, 2021, S. 19). 2020 erfolgte die Einrichtung der Koordinierungsstelle Klimaneutrale Bundesverwaltung (KKB), die sich auf die Entwicklung emissionsreduzierender Maßnahmen konzentriert (vgl. BMWK, 2024). Dies verdeutlicht, dass auch staatliche Organisationen das Thema Nachhaltigkeit proaktiv verfolgen und so eine gewisse Vorbildfunktion einnehmen, die eine Positivwirkung auf die Gesundheitswirtschaft und Öffentlichkeit haben kann.

In Bezug auf Nachhaltigkeit(skommunikation) im gesundheit(swirtschaft)lichen Kontext ist der sog. **One-Health-Approach** bedeutsam, der auf eine integrative, sektorenübergreifende Perspektive in Bezug auf das Management und Verständnis von Gesundheitsrisiken abstellt (vgl. BMG, 2021, S. 6). Konkret bezeichnet er einen integrierten, vereinheitlichenden Ansatz, der sich auf ein nachhaltiges Gleichgewicht und die Optimierung der Gesundheit von Menschen, Tieren und Ökosystemen fokussiert. Er erkennt die Gesundheit von Menschen, Haus- und Wildtieren, Pflanzen und der weiteren Umwelt (einschließlich der

Ökosysteme) als eng miteinander verbunden und voneinander abhängig an (vgl. Adisasmito et al., 2022, S. 2).

Eine für die gesundheitswirtschaftliche Nachhaltigkeitskommunikation relevante Besonderheit ist die Vielzahl und Heterogenität der Gesundheitsprodukte, Akteure, Aktivitätsfelder und Zielgruppen. Infolge dieser Heterogenität existiert kein generisches Gesundheitsmarketing. Dies hat Implikationen für die (Nachhaltigkeits-)Kommunikation. Gesundheitswirtschaftliche Organisationen stehen typischerweise zahlreichen Anspruchsgruppen (Stakeholdern) gegenüber (vgl. Kesting & Scherenberg, 2022, S. 8; 37–38). Gemäß dem übergeordneten CSR-Verständnis aus dem Grünbuch der EU-Kommission ist die Stakeholder-Integration essenziell (vgl. EU-Kommission, 2001, S. 7–17). Daraus ergibt sich das Erfordernis, anspruchsgruppenbezogene Strategien in Bezug auf Nachhaltigkeit und deren Kommunikation zu entwickeln (vgl. Fischer, 2024, S. 11–12; 18–19).

Zwei im Gesundheitskontext verstärkt auftretende Begriffe sind **Green Health** und Green Hospital. Green Health greift Inhalte von Planetary Health und **Corporate Social Responsibility (CSR)** auf. Es verknüpft Klimawandel, Nachhaltigkeit und Gesundheit, verbindet also Umwelt und menschliches Wohlbefinden (vgl. NHS Lothian, 2024; INNO3, 2023). Green Hospital steht für eine umfassende strategische Verankerung von Nachhaltigkeit und versteht den Nachhaltigkeitsgedanken als Kerneinfluss auf den gesamten Krankenhaus-Lebenszyklus, im Sinne einer stetigen Optimierung mit umweltbezogener, gesellschaftlicher und ökonomischer Wirkung (vgl. Fraunhofer IML, 2024). Zudem gibt es das vom VDE (Verband der Elektronik Elektrotechnik Informationstechnik e. V.) entwickelte Zertifizierungsverfahren Blue Hospital. Dessen Fokus zielt auf die Struktur-, Prozess- und Ergebnisqualität ab und fußt auf den Säulen Ökologie, Ökonomie und Patientenqualität (vgl. VDE Württemberg, 2024; Hoffmann, 2022, S. 70).

Tab. 2.3 zeigt die laut Klinikreport Nachhaltigkeit relevante nachhaltigkeitsbezogene Aktivitätenvielfalt, wobei dem Bereich Ökologie eine prominente Rolle zuteilwird. Im Sinne von Recycle, einem der 10 Rs (vgl. Kap. 1), gibt es mit Med Re eine konkrete „Initiative für mehr Nachhaltigkeit in Kliniken" (vgl. Med Re, 2024). Neben ökologischen Schwerpunktthemen birgt die Digitalisierung neue Chancen für verstärktes Nachhaltigkeitsengagement, z. B. durch BMG-Aktivitäten wie das Patientendaten-Schutz-Gesetz, die elektronische Patientenakte (ePa) und das Digitale-Versorgungs-Gesetz (vgl. BMG, 2021, S. 36). Hieraus resultiert Potenzial zur Reduktion von Über- und Fehlversorgung. Entsprechende Prozessoptimierungen können Ressourcen und CO_2 einsparen (vgl. Bohnet-Joschko, 2023, S. 60).

Tab. 2.3 Nachhaltigkeitsstrategierelevante Themenfelder in deutschen Krankenhäusern. (Quelle: modifiziert nach DKI & imuglresearch, 2024, S. 18–22)

Ökologie	Soziales	Governance
Reduktion des Energieverbrauchs (z. B. Solaranlagen auf Krankenhausdächern)	Betriebliches Gesundheitsmanagement (z. B. Einrichtung von Fahrradabstellplätzen)	Gesellschaftliches Engagement (z. B. Nutzung von Krankenhausgärten für gemeinschaftliche Gesundheitsprojekte)
Prozessdigitalisierung zugunsten von Mitarbeitenden (z. B. Teleworking zur Förderung der Zusammenarbeit)	Personalentwicklung (z. B. Bildungsplattform zur Bildung zu nachhaltiger Entwicklung)	Umweltstandards bei Lieferant*innen und Dienstleistenden (z. B. Kauf zertifizierter Produkte)
Prozessdigitalisierung zugunsten von Patient*innen (z. B. E-Health-Lösungen)	Familienorientierte Arbeitsgestaltung (z. B. Betriebskindergärten oder Kooperation mit lokalen Kindertagesstätten)	Offenlegung von Prozessen (ethische Grundsätze, Lieferketten …) (z. B. freiwilliger Nachhaltigkeitsbericht)
Müllvermeidung (z. B. Mehrweg- statt Einwegartikel)	Diversity innerhalb der Organisation (z. B. Diversity-Trainings zur Förderung der Integration)	Sozialstandards bei Lieferant*innen und Dienstleistenden (z. B. Kooperation mit Lieferanten; ILO-Kernarbeitsnormen)

Einen weiteren detaillierten Überblick gibt die VDI 5800 Blatt. Sie wird im Krankenhausnetzwerk für Tätigkeiten im Kontext der Nachhaltigkeit angewendet. Hinsichtlich der Vielschichtigkeit des Marketings in der Gesundheitswirtschaft und der nachhaltigkeitsbezogenen Kommunikation ist zu klären, welche übergreifenden Ziele und Zielgruppen die Kommunikationsaktivitäten adressieren (vgl. Kesting & Scherenberg, 2022, S. 41–42). Nachhaltigkeitskommunikation kann sich bspw. im PR-Kontext an die Öffentlichkeit richten, doch diese ist nicht die einzige bedeutsame Anspruchsgruppe. Tab. 2.4 zeigt die anspruchsgruppenbezogene Vielfalt der Nachhaltigkeitskommunikation eines Krankenhauses (VDI 5800 Blatt 1 (2020)).

Es wird deutlich, dass dessen Nachhaltigkeitskommunikation weit über PR hinausgeht. Nachhaltigkeitsengagement ist auch für (potenzielle) Patient*innen und Mitarbeitende bzgl. der Wahl des Behandlungsorts bzw. Arbeitsplatzes bedeutsam. Somit bietet Nachhaltigkeitskommunikation zusätzliche Möglichkeiten, sich im Wettbewerb positiv von der Konkurrenz abzuheben.

Tab. 2.4 Ausgewählte Anspruchsgruppen und Ziele der Nachhaltigkeitskommunikation eines Krankenhauses. (Quelle: in Anlehnung an Fischer, 2024, S. 19; Horneber et al., 2023, S. 102–105)

Anspruchsgruppe	Anspruch	(Mögliche) Zielsetzung(en)
Allgemeine Öffentlichkeit und Kommune	Informationen über Nachhaltigkeitsaktivitäten	Steigerung des Bekanntheitsgrads; positive Außenwirkung; Imagesteigerung
Aktuelle und künftige Patient*innen und Angehörige	Informationen über die Nachhaltigkeit von Behandlungen und anderen Prozessen	Schaffung von Transparenz und Vertrauen; Nutzung von Differenzierungspotenzial bei der Krankenhauswahl
Aktuelle und künftige Mitarbeitende	Informationen über die Organisations- und Arbeitskultur und die Nachhaltigkeit von Behandlungen und anderen Prozessen	Schaffung von Transparenz und Vertrauen; Nutzung von Differenzierungspotenzial bei der Arbeitgeberwahl

Nachhaltiges Praxisbeispiel: Charité

Die Charité informiert auf ihrer Nachhaltigkeits-Landing-Page (https://nachhaltigkeit.charite.de) über ihre Nachhaltigkeitsstrategie und daraus resultierende Maßnahmen. Dort kommuniziert sie zu ihrem Mobilitätskonzept über die nachhaltige Anfahrt der Mitarbeitenden zum Arbeitsplatz (via ÖPNV und Rad). In diesem Kontext stellt sie das Jobradangebot vor, ebenso weitere Angebote (z. B. Fahrradstellplätze, Fahrradwerkstätten, Fahrradaktionstage) (vgl. Charité, 2024). Adressiert werden v. a. potenzielle und aktuelle Mitarbeitende und die Öffentlichkeit. Die Charité setzt zudem einen öffentlichen Appell zu verstärkter Radnutzung, indem sie das CO_2-Einsparungspotenzial wie folgt kommuniziert: *„[S]chon zehn Kilometer auf dem Rad sparen gegenüber derselben Strecke mit einem Mittelklasse-PKW rund 1,7 Kilo CO_2 ein. Es braucht 57 Bäume auf dem Charitégelände, um diese Menge abzubauen.“* (Charité, 2024). ◀

Nachhaltiges Praxisbeispiel: Elisabeth Krankenhaus Essen

Externe Nachhaltigkeitskommunikation kann auch durch externe Partner*innen erfolgen. So hat das Elisabeth Krankenhaus in Essen eine Fahrradabstellanlage installieren lassen, die es Mitarbeitenden ermöglicht, Fahrräder u. a. witterungssicher unterzubringen. Der Hersteller BIK TEC GmbH kommuniziert dies als Referenz auf seiner Website (vgl. BIK TEC GmbH, 2023). Daraus ergibt sich weiteres Potenzial für eine positive Außenwirkung, insb. gegenüber der Öffentlichkeit und potenziellen Mitarbeitenden. ◀

Wie im klassischen Konsumgütermarketing geht es in der Nachhaltigkeitskommunikation darum, nicht nur Stimuli zu setzen, sondern die Bedürfnisse der Zielgruppen zu identifizieren und sie z. B. mit Umweltaspekten zu verknüpfen (vgl. Kirchgeorg & Greven, 2008, S. 50). Zielgruppenspezifische Kommunikation spielt somit eine erfolgskritische Rolle. Auf konzeptioneller Basis ergeben sich vier Fragen (vgl. Kesting & Scherenberg, 2022, S. 42):

- Welche **übergreifende Zielgruppe** sprechen die Marketingaktivitäten an? (z. B. B-to-B- vs. B-to-C-Marketing)
- Von welchem **Akteur** geht die Marketingaktivität aus? (z. B. Krankenkassenmarketing)
- Welche **Zielgruppe** soll direkt oder indirekt anvisiert werden? (z. B. Patientenmarketing)
- Welche konkrete direkte oder indirekte (ökonomische oder gesundheitsbezogene) **Zielsetzung** wird mit den Marketingaktivitäten verfolgt? (z. B. Präventionsmarketing)
- Auf welchen konkreten **Gegenstand** (Produkt) beziehen sich die Marketingaktivitäten?

In diesem Praxisbeispiel werden die Öffentlichkeit und (potenzielle) Arbeitnehmer*innen angesprochen. Akteur ist das Krankenhaus bzw. der Hersteller der Fahrradabstellanlage. Direkt adressiert werden Mitarbeitende (Personalmarketing). Das primäre Ziel stellt auf Nachhaltigkeits- bzw. Öko-Marketing ab. Gegenstand ist das ökologisch ausgerichtete Verhalten beim Pendeln.

Bei den Beispielen stand bisher die Zielgruppe „(potenziellen) Patient*innen" noch nicht im Fokus. Eine Möglichkeit, deren Bedürfnissen Rechnung zu tragen, kann bspw. in der Erneuerung von Gebäuden liegen, um klimabedingt erkrankten Patient*innen (z. B. gesundheitliche Probleme durch Hitze) einen adäquaten Aufenthalt zu gewährleisten (vgl. Deutsche Krankenhausgesellschaft, 2023, S. 5). In diesem Kontext können regenerative Energien zum Einsatz kommen, z. B. den Patientenzimmern Schatten spendende Photovoltaik-Anlagen an Südfassaden (vgl. Stiftung Münch, 2023, S. 30). Hieran ist ersichtlich, dass Nachhaltigkeitsaktivitäten aufenthalts- und mittelbar behandlungsrelevant sein können. Damit bieten sie ein multiples Nutzenpotenzial und Differenzierungsmöglichkeiten, wenn es patienten- bzw. angehörigenseitig um die Krankenhaus-Wahl geht. Somit ist es entscheidend, patientenbezogene Positivwirkungen der Nachhaltigkeitsaktivitäten explizit und zielgerichtet zu kommunizieren, um das Nutzenpotenzial zu verdeutlichen.

▶ **Nachhaltig merken** Gesundheitsmarketing und Nachhaltigkeitsmarketing weisen Überschneidungen auf, ergänzen einander schlüssig. Nachhaltigkeitskommunikation in der Gesundheitswirtschaft ist sehr vielschichtig und richtet sich an zahlreiche verschiedene Anspruchsgruppen.

▶ **Nachhaltig handeln** Damit Nachhaltigkeitskommunikation ihre Wirkung entfalten kann, ist es auf die jeweiligen Zielgruppen auszurichten – sowohl inhaltlich als auch medienbezogen.

Literatur

Adisasmito, W. B., Almuhairi, S., Behravesh, C. B., Bilivogui, P., Bukachi, S. A., Casas, N., Cediel Becerra, N., Charron, D. F., Chaudhary, A., Cicacci Zanella, J. R., Cunningham, A. A., Dar, O., Debnath, N., Dungu, B., Farag, E., Gao, G. F., Hayman, D. T. S., Khaitsa, M., Koopmans, M. P. G., Machalaba, C., Mackenzie, J. S., Markotter, W., Mettenleiter, T. C., Morand, S., & Smolenskiy, L. Z. (2022). One Health: A new definition for a sustainable and healthy future. *PLOS Pathogens, 18*(6), e1010537. https://doi.org/10.1371/journal.ppat.1010537

Aßländer, M. S., & Brink, A. (2008). Begründung kooperativer Verantwortung: Normenkonkretion als Prozess. In G. Scherer & M. Patzer (Hrsg.), *Betriebswirtschaftslehre und Unternehmensethik* (S. 103–124). DUV Deutscher Universitäts-Verlag.

Balderjahn, I. (2004). *Nachhaltiges Marketing-Management. Möglichkeiten einer umwelt- und sozialverträglichen Unternehmenspolitik.* Lucius & Lucius.

Belz, F. M., & Peattie, K. (2012). *Sustainability marketing. A global perspective* (2. Aufl.). Wiley.

BIK TEC GmbH. (2023). Grünes Upgrade für Fahrradstellplätze am Elisabeth Krankenhaus Essen! https://biktec.com/referenzen/gruenes-upgrade-fuer-fahrradstellplaetze-am-elisabeth-krankenhaus-essen/. Zugegriffen am 07.10.2024.

BMAS – Bundesministerium für Arbeit und Soziales. (2024a). Corporate Sustainability Reporting Directive (CSRD). Die neue EU-Richtlinie zur Unternehmens-Nachhaltigkeitsberichterstattung im Überblick. https://www.csr-in-deutschland.de/DE/CSR-Allgemein/CSR-Politik/CSR-in-der-EU/Corporate-Sustainability-Reporting-Directive/corporate-sustainability-reporting-directive-art.html. Zugegriffen am 31.07.2024.

BMAS – Bundesministerium für Arbeit und Soziales. (2024b). Gesetz über die unternehmerischen Sorgfaltspflichten in Lieferketten. https://www.bmas.de/DE/Service/Gesetze-und-Gesetzesvorhaben/Gesetz-Unternehmerische-Sorgfaltspflichten-Lieferketten/gesetz-unternehmerische-sorgfaltspflichten-lieferketten.html. Zugegriffen am 31.07.2024.

BMG – Bundesministerium für Gesundheit. (2021). Nachhaltigkeit für Gesundheit und Pflege. Nachhaltigkeitsbericht 2021 des Bundesministeriums für Gesundheit. https://www.bundesgesundheitsministerium.de/fileadmin/Dateien/5_Publikationen/Ministerium/Berichte/Ressortbericht-gesundheit-und-pflege-data.pdf. Zugegriffen am 31.07.2024.

BMWK – Bundesministerium für Wirtschaft und Klimaschutz. (2023). Gesundheitswirtschaft. Fakten und Zahlen. Daten 2022. https://www.bmwk.de/Redaktion/DE/Publikationen/Wirtschaft/gesundheitswirtschaft-fakten-zahlen-2022.pdf?__blob=publicationFile&v=3. Zugegriffen am 31.07.2024.

BMWK – Bundesministerium für Wirtschaft und Klimaschutz. (2024). Was ist eigentlich die „Roadmap klimaneutrale Bundesverwaltung"? https://www.bmwk-energiewende.de/EWD/Redaktion/Newsletter/2024/02/Meldung/direkt-erklaert.html. Zugegriffen am 06.10.2024.

Bohnet-Joschko, S. (2023). Digitalisierung und Klimaschutz: Wirkung des Megatrends auf Nachhaltigkeit im Gesundheitswesen. In S. Bohnet-Joschko & K. Pilgrim (Hrsg.), *Handbuch Digitale Gesundheitswirtschaft* (S. 57–61). Springer Gabler.

Borges, E., Campos, S., Teixeira, M. S., Lucas, M. R., Ferreira-Oliveira, A. T., Rodrigues, A. S., & Vaz-Velho, M. (2023). How do companies communicate sustainability? A systematic literature review. *Sustainability, 15*(10), 8263. https://doi.org/10.3390/su15108263

Charité. (2024). Nachhaltigkeit. Mobilitätskonzept der Charité. https://nachhaltigkeit.charite.de/umwelt/mobilitaet/. Zugegriffen am 07.10.2024.

Combe, C. (2022). *Introduction to global sustainable management.* SAGE.

Deutsche Krankenhausgesellschaft. (2023). Klimaschutz im Krankenhaus. Positionen der Deutschen Krankenhausgesellschaft zur Nachhaltigkeit. https://www.dkgev.de/fileadmin/default/DKG-Positionspapier_Klimaschutz_im_Krankenhaus.pdf. Deutsche Krankenhausgesellschaft (DKG), Berlin. Zugegriffen am 07.10.2024.

DKI, & imuglresearch. (2024). Klinikreport Nachhaltigkeit. Wie weit sind Deutschlands Krankenhäuser? Düsseldorf, Hannover und Berlin. https://www.dki.de/fileadmin//user_upload/KlinikreportNachhaltigkeit2024.pdf. Zugegriffen am 21.09.2024.

DNK – Deutscher Nachhaltigkeitskodex. (2024). Homepage. https://www.deutscher-nachhaltigkeitskodex.de/. Zugegriffen am 15.11.2024.

Dyllick, T. (2003). Nachhaltigkeitsorientierte Wettbewerbsstrategien. In G. Linne & M. Schwarz (Hrsg.), *Handbuch Nachhaltige Entwicklung. Wie ist nachhaltiges Wirtschafen machbar?* (S. 267–271). Leske + Budrich.

EU-Kommission. (2001). GRÜNBUCH. Europäische Rahmenbedingungen für die soziale Verantwortung der Unternehmen. https://eur-lex.europa.eu/LexUriServ/LexUriServ.do?uri=COM:2001:0366:FIN:de:PDF. Zugegriffen am 03.11.2024.

Europäische Union. (2022). Amtsblatt der Europäischen Union L 322/15. RICHTLINIE (EU) 2022/2464 DES EUROPÄISCHEN PARLAMENTS UND DES RATES vom 14. Dezember 2022 zur Änderung der Verordnung (EU) Nr. 537/2014 und der Richtlinien 2004/109/EG, 2006/43/EG und 2013/34/EU hinsichtlich der Nachhaltigkeitsberichterstattung von Unternehmen. https://eur-lex.europa.eu/legal-content/DE/TXT/HTML/?uri=CELEX:32022L2464. Zugegriffen am 08.07.2024.

Fischer, M. (2024). *Nachhaltigkeitsmanagement im Gesundheitswesen. Konzeptionelle Grundlagen und Orientierungshilfen.* Springer Gabler.

Fraunhofer-Institut für Materialfluss und Logistik IML (2024). Nachhaltige Krankenhauslogistik – Green Hospital und Prävention in der Pflege. https://www.iml.fraunhofer.de/de/abteilungen/b3/health_care_logistics/krankenhauslogistik/green-hospital.html. Zugegriffen am 08.10.2024.

Frederick, W. C. (1987). Theories of corporate social performance. In C. M. Falbe & P. S. Sethi (Hrsg.), *Business and society: Dimensions of conflict and cooperation* (S. 142–161). Lexington Books.

Gminder, C. U. (2006). *Nachhaltigkeitsstrategien systemisch umsetzen. Exploration der Organisationsaufstellung als Managementmethode.* Deutscher Universitäts-Verlag.

Grunwald, G., & Schwill, J. (2022). *Nachhaltigkeitsmarketing: Grundlagen – Gestaltungsoptionen – Umsetzung.* Schäffer-Poeschel.

Heinrich, P., & Schmidpeter, R. (2018). Wirkungsvolle CSR-Kommunikation – Grundlagen. In P. Heinrich (Hrsg.), *CSR und Kommunikation. Unternehmerische Verantwortung überzeugend vermitteln* (2. Aufl., S. 1–25). Springer Gabler.

Hoffmann, M. (2022). Nachhaltigkeit und Ressourcenschonung im Krankenhaus. In J. F. Debatin, A. Ekkernkamp, B. Schulte, & A. Tecklenburg (Hrsg.), *Krankenhausmanagement. Strategien, Konzepte, Methoden* (4. Aufl., S. 68–73). Medizinisch Wissenschaftliche Verlagsgesellschaft.

Horneber, M., Möller, C., & Tegtmeier, C. (2023). *Nachhaltigkeitsmanagement im Gesundheitswesen. Verantwortung für die Zukunft übernehmen.* Kohlhammer.

Hubatka, K. (2022). *Wie Patienten ticken? Wie Konsumenten handeln! Strategische Überlegungen für eine wirkungsvolle Gesundheitskommunikation.* Springer Gabler.

INNO3. (2023). Green Health Forum 2023. Das Fach- und Networking-Event für ein nachhaltiges Gesundheitswesen. https://www.inno3.de/events/green-health-forum-2023/. Zugegriffen am 08.10.2024.

Kenning, P. (2014). Sustainable Marketing – Definition und begriffliche Abgrenzung. In H. Meffert, P. Henning, & M. Kirchgeorg (Hrsg.), *Sustainable marketing management* (S. 3–20). Springer Gabler.

Kesting, T., & Scherenberg, V. (2022). *Marketing in der Gesundheitswirtschaft. Eine praxisbezogene konzeptionelle Einordnung.* Springer Gabler.

Kirchgeorg, M., & Greven, G. (2008). Motivallianzen als Treiber des nachhaltigen Konsums. *Marketing Review St. Gallen, 4,* 50–55.

Kreutzer, R. T. (2023a). *Der Weg zur nachhaltigen Unternehmensführung.* Springer Gabler.

Kreutzer, R. T. (2023b). *Kreislaufwirtschaft. Wie Projektplanung und Umsetzung gelingen.* Springer Gabler.

Kupp, M. (2013). Nachhaltigkeitsmarketing. In A. Baumast & J. Pape (Hrsg.), *Betriebliches Nachhaltigkeitsmanagement* (S. 321–334). Eugen Ulmer.

Mai, R., Schwarz, U., & Hoffmann, S. (2012). Gesundheitsmarketing: Schnittstelle von Marketing, Gesundheitsökonomie und Gesundheitspsychologie. In S. Hoffmann, U. Schwarz, & R. Mai (Hrsg.), *Angewandtes Gesundheitsmarketing* (S. 3–14). Springer Gabler.

Med Re. (2024). Initiative für mehr Nachhaltigkeit in Kliniken. http://med-re.de/. Zugegriffen am 18.11.2024.

Meffert, H., & Kirchgeorg, M. (1998). *Marktorientiertes Umweltmanagement. Konzeption, Strategie, Implementierung, mit Praxisfällen* (3. Aufl.). Schäffer-Poeschel.

Meffert, H., Burmann, C., Kirchgeorg, M., & Eisenbeiß, M. (2024). *Marketing. Grundlagen marktorientierter Unternehmensführung. Konzepte – Instrumente – Praxisbeispiele* (14. Aufl.). Springer Gabler.

Moock, P. (2024). *SDGs im Mittelstand. Nachhaltigkeit in Unternehmen ganzheitlich umsetzen.* Springer Gabler.

NHS Lothian. (2024). About Green Health. https://greenhealth.nhslothiancharity.org/about-green-health/. Zugegriffen am 08.10.2024.

Nidumolu, R., Prahalad, C. K., & Rangaswami, M. R. (2009). Why sustainability is now the key driver of innovation. *Harvard Business Review,* (September Issue), 57–64.

Rat für Nachhaltige Entwicklung. (2017). Der Deutsche Nachhaltigkeitskodex. Maßstab für nachhaltiges Wirtschaften, 4., akt. Fassung 2017. https://www.nachhaltigkeitsrat.de/wp-content/uploads/2017/11/DNK_Broschuere_2017.pdf. Zugegriffen am 07.10.2024.

Scherenberg, V., & Kesting, T. (2023). Marketing meets Sustainability. Im multiplen Spannungsfeld stichhaltig kommunizieren. *Health & Care Management, 14*(7), 60–63.

Schubert, R., Lender, M. C., & Asjoma, C. (2024). *Nachhaltigkeitsberichterstattung in Krankenhäusern. Ein Leitfaden zur Umsetzung und Erfüllung der CSRD*. Kohlhammer.

Schulz, W. F., Hörschgen, H., Kirstein, S., Kreeb, M., & Motzer, M. (2008). *Nachhaltigkeitsmarketing – Sachstand und Perspektiven*. Metropolis.

Stanger, S. (2017). Nachhaltigkeit als Determinante des Innovationserfolgs – ein Systematic-Literature-Review und Entwicklung eines konzeptionellen Modells. In W. L. Filho (Hrsg.), *Innovation in der Nachhaltigkeitsforschung. Ein Beitrag zur Umsetzung der UNO Nachhaltigkeitsziele* (S. 61–77). Springer Spektrum.

Statistisches Bundesamt. (2024). Indikatoren der UN-Nachhaltigkeitsziele. https://sdg-indikatoren.de/. Zugegriffen am 12.09.2024.

Stiftung Münch. (2023). Energieeffizienz im Krankenhaus. Handlungsleitfaden zu energiesparenden Ansätzen und Technologien. https://www.stiftung-muench.org/wp-content/uploads/2023/03/Leitfaden-Energieeffizienz.pdf. Zugegriffen am 07.10.2024.

United Nations. (o.J.). Ziele für nachhaltige Entwicklung. https://unric.org/de/17ziele/. Zugegriffen am 01.11.2024.

United Nations. (1992). AGENDA 21 – Konferenz der Vereinten Nationen für Umwelt und Entwicklung (Rio de Janeiro, Juni 1992). https://www.un.org/depts/german/conf/agenda21/agenda_21.pdf. Zugegriffen am 01.11.2024.

United Nations. (2015). Transforming our world: the 2030 Agenda for Sustainable Development. https://documents.un.org/doc/undoc/gen/n15/291/89/pdf/n1529189.pdf. Zugegriffen am 05.04.2024.

VDE Württemberg. (2024). Blue Hospital – Zertifikat für nachhaltige Kliniken. https://www.vde-wuerttemberg.de/de/news/2013-11-29a. Zugegriffen am 01.11.2024.

VDI 5800 Blatt 1 (2020). Nachhaltigkeit in Bau und Betrieb von Krankenhäusern – Grundlagen https://www.vdi.de/richtlinien/details/vdi-5800-blatt-1-nachhaltigkeit-in-bau-und-betrieb-von-krankenhaeusern-grundlagen. Zugegriffen am 16.01.2025.

Wagner, R. (2018). Interne Kommunikation. In A. Kleinfeld & A. Martens (Hrsg.), *CSR und Compliance. Synergien nutzen durch ein integriertes Management* (S. 239–260). Springer Gabler.

Wagner, R. (2022). Überholt von der Realität: Formt die Nachhaltigkeitskommunikation PR der Zukunft? In S. Pranz, H. Heidbrink, F. Stadel, & R. Wagner (Hrsg.), *Journalismus und Unternehmenskommunikation* (S. 41–54). Springer Gabler.

Whitmee, S., Haines, A., Beyrer, C., Boltz, F., Capon, A. G., de Souza Dias, B. F., Ezeh, A., Frumkin, H., Gong, P., Head, P., Horton, R., Mace, G. M., Marten, R., Myers, S. S., Nishtar, S., Osofsky, S. A., Pattanayak, S. K., Pongsiri, M. J., Romanelli, C., Soucat, A., Vega, J., & Yach, D. (2015). Safeguarding human health in the Anthropocene epoch: Report of The Rockefeller Foundation – Lancet Commission on planetary health. *The Lancet, 386*(10007), 1973–2028.

WHO – World Health Organization. (1946). Constitution of the World Health Organization: Principles. https://www.who.int/about/governance/constitution. Zugegriffen am 31.07.2024.

Ziermann, A. (2007). Kommunikation der Nachhaltigkeit: Eine kommunikations-theoretische Fundierung. In G. Michelsen & J. Godemann (Hrsg.), *Handbuch Nachhaltigkeitskommunikation: Grundlagen und Praxis* (2. Aufl., S. 123–133). Oekom.

Strategien und Ansätze der Nachhaltigkeitskommunikation auf institutioneller Ebene

3

3.1 Organisationale Ebene

Anknüpfend an Abschn. 2.2 geht es nun darum, wie und über welche Kanäle sich zielgruppengerechte Nachhaltigkeitskommunikation konkret umsetzen lässt. Dies betrifft auch Kommunikationsbedingungen und Aspekte der Ergiebigkeit der Kommunikation. In der Außenkommunikation richtet sich der Fokus v. a. auf die **Online-Kommunikation**, einem Teilbereich des Online-Marketings (vgl. Kreutzer, 2022, S. 443).

Üblicherweise fungiert die Website (auch: Corporate Website) als Kern der Online-Kommunikation und ist mit sozialen Medien verbunden (vgl. Kreutzer, 2021, S. 2, 121–122). Sie bildet die tragende Online-Marketing-Säule einer Organisation (vgl. Kreutzer, 2022, S. 443). Gerade bei Organisationen der Gesundheitswirtschaft weist sie einen eher rational-informativen Charakter auf, da sie primär (potenzielle) Patient*innen bzw. Kund*innen adressiert und Gesundheitsleistungen Vertrauensgüter sind. Bei Letzteren ist patient*innenseitig selbst nach der Inanspruchnahme, z. B. einer medizinischen Behandluong, keine eindeutige Qualitätsbeurteilung möglich (vgl. Schneider & Pennerstorfer, 2014, S. 159; Meffert & Rohn, 2011, S. 8). Aufgrund der hohen Verbreitung mobiler Endgeräte ist es wichtig, eine übersichtliche Mobilversion der Website zur Verfügung zu stellen. Der informative Charakter einer Website bietet Organisationen erhebliches Potenzial für die Kommunikation von Nachhaltigkeitsengagement. Loßin et al. (2024) haben die Website-Nachhaltigkeitskommunikation (Schwerpunkt: Klimaschutz) der acht großen norddeutschen Universitätskliniken analysiert. Die Befunde zeigen, dass

T. Kesting, V. Scherenberg, *Nachhaltigkeitskommunikation in der Gesundheitswirtschaft*, Edition Nachhaltig wirtschaften, https://doi.org/10.1007/978-3-658-47358-7_3

die Kommunikation medizinisch-therapeutischer Leistungsangebote gegenüber (potenziellen) Patient*innen bzw. deren Angehörigen dominiert. Bei vielen Häusern findet sich keine Übersicht über Klimaschutzmaßnahmen. Die Kommunikation hierzu ist erst über Suchfunktionen auffindbar. Punktuell informieren Kliniken über die Website über Pressemeldungen zu erhaltenen Klimaschutzpreisen (vgl. Loßin et al., 2024, S. 991).

Die Website bietet sich für nachhaltigkeitsbezogene Neuigkeiten an, wie etwa erhaltene **Auszeichnungen**. Als Beispiel ist der als Presseinformation gestaltete Erfolg der Universitätsmedizin Göttingen (UMG) zu nennen. Das Universitätsklinikum konnte sich bei der FOCUS-Money-Studie *„Deutschlands Beste – Nachhaltigkeit 2023"* in der Spitzengruppe öffentlicher Krankenhäuser platzieren (vgl. Universitätsmedizin Göttingen, 2023). Das Klinikum Fulda publizierte eine Pressemitteilung zu einer erhaltenen Nachhaltigkeitsauszeichnung (Platz 1 *„Exzellente Nachhaltigkeit";* F.A.Z-Auszeichnung) (vgl. Klinikum Fulda, 2021). Das Universitätsklinikum Stuttgart ist Sieger des Deutschen Nachhaltigkeitspreises Unternehmen 2024 und kommuniziert dies auf seiner Website (vgl. Universitätsklinikum Stuttgart, 2024).

Dr. Matthias Albrecht, Geschäftsführer der Deutschen Allianz Klimawandel und Gesundheit e. V. (KLUG), weist darauf hin, dass sich v. a. Kliniken mit eigener Marketingabteilung durch eine fortgeschrittene Intensität und Ausgestaltung ihrer Klimaschutzkommunikation auszeichnen. Er erwähnt, dass der Umfang der Nachhaltigkeitskommunikation stark davon abhänge, welche und wie viele Aktivitäten Häuser in punkto Nachhaltigkeit vornehmen. Zudem sieht er besonders im Bereich Klimaschutz Potenzial bei Kliniken. Bisher konzentriere sich die Kommunikation eher auf Klimaanpassung (vgl. Albrecht, 2024, Interview). Entscheidend für die strategische Einbettung ist es, die Nachhaltigkeitsstrategie nicht separat und losgelöst zu entwickeln, da sämtliche anderen strategischen Perspektiven Nachhaltigkeitsaspekte integrieren (können) (vgl. Horneber et al., 2023, S. 51).

Thomas Voß, Kaufmännischer Direktor der LWL-Kliniken Münster und Lengerich, betont, dass Nachhaltigkeit inhaltlich im Leitbild einer Organisation verankert werden sollte (vgl. Voß, 2024, Interview). Dies ist im Sinne der Grundprinzipien des Nachhaltigkeitsmarketings. So lässt sich im Leitbild eine gezielte anspruchsgruppengerechte Integration ökonomischer, ökologischer und sozialer Zieldimensionen abbilden. Die erhöhte Zielvielfalt geht mit einer gesteigerten Stakeholder-Anzahl einher (vgl. Meffert et al., 2024, S. 47). Eine nicht außer Acht zu lassende Zielgruppe der Nachhaltigkeitskommunikation sind die Mitarbeitenden (vgl. Moock, 2024, S. 175). Diese Einschätzung teilt Dr. Albrecht (vgl. Albrecht, 2024, Interview).

Nicht wenige Kliniken adressieren Nachhaltigkeitsaspekte explizit in ihrem Leitbild (vgl. z. B. Klinikum Bayreuth, 2024; Klinikum Worms, 2024; Städtische Kliniken Mönchengladbach, 2024), wobei die Termini Nachhaltigkeit und ESG nicht durchweg enthalten sind. Somit zeigt sich Potenzial für eine Suchmaschinenoptimierung (Search Engine Optimization; SEO). SEO umfasst Maßnahmen zur möglichst hohen Platzierung von Anzeigen im organischen (redaktionellen) Suchergebnisbereich der Suchmaschinenergebnisseite (Search Engine Result Page; SERP), die die Trefferliste auf Basis der Keyword-Eingabe visualisiert (vgl. Meffert et al., 2024, S. 645; Ahrholdt et al., 2023, S. 26).

Die Johanniter GmbH hat eine Nachhaltigkeitsvision entwickelt, die zentrale Anspruchsgruppen direkt adressiert (vgl. Abb. 3.1). Eine Vision stellt eine inhaltliche Leitlinie organisationaler Entwicklung im Sinne eines Zukunftsbildes dar. Sie beinhaltet eine konkrete Vorstellung, wohin eine Organisation strebt. Dieses Zukunftsbild ist ambitioniert und zielt darauf ab, die Anspruchsgruppen (insb. die Mitarbeitenden) zu begeistern (vgl. Hungenberg & Wulf, 2015, S. 55; Reisinger et al., 2013, S. 36).

Abb. 3.1 Nachhaltigkeitsvision der Johanniter. (Quelle: Johanniter GmbH, 2024)

Nachhaltiges Praxisbeispiel: Vision der Johanniter GmbH

Die Nachhaltigkeitsvision der Johanniter GmbH lautet: „Auf Basis unserer christlichen Werte werden wir bis 2030 ökologisch, sozial und ökonomisch ein Wegbereiter in der Gesundheitsbranche sein." (Johanniter GmbH, 2024). Die grafische Konkretisierung (Abb. 3.1) adressiert alle drei Nachhaltigkeitsdimensionen (E, S, G) und integriert Beispiele. ◄

Des Weiteren untermauern die Einrichtung von Stabsstellen und die Bestellung von Nachhaltigkeitsbeauftragten eine strategische Verankerung, so z. B. am Universitätsklinikum Jena (UKJ). Dieses hat eine *„Stabsstelle Umweltschutz und Nachhaltigkeit"* eingerichtet, die von Dr. Marc Hoffmann geleitet wird (vgl. UKJ, 2024a). Ein nicht zu unterschätzender Vorzug von Nachhaltigkeitsaktivitäten ist gemäß Herrn Dr. Hoffmann deren ökonomisches Potenzial, zumal sich der originäre Nachhaltigkeitsbegriff aus der Ökonomie ableitet (vgl. Hoffmann, 2024, Interview). Auch weitere Häuser haben eine Stabsstelle Nachhaltigkeit (vgl. z. B. Universitätsklinikum Stuttgart, 2024; Universitätsklinikum Tübingen, 2024).

Nachhaltiges Praxisbeispiel: Universitätsklinikum Stuttgart

Die Nachhaltigkeitsinitiative des Universitätsklinikums Stuttgart verfügt über ein eigenes Leitbild, das über die Klinikum-Website abrufbar ist. Es konkretisiert die Nachhaltigkeitsstrategie des Klinikums und gliedert sich u. a. in Sub-Leitbilder für die ökologische, ökonomische und soziale Dimension von Nachhaltigkeit. Überdies adressiert es Nachhaltigkeitsprojekte und die Lieferkettensorgfaltspflichten und enthält den Nachhaltigkeitsbericht (vgl. Universitätsklinikum Stuttgart, 2024). ◄

Ergänzend zur Web- bzw. Microsite empfehlen sich soziale Medien, da im Kontext der Online-Kommunikation die Bedeutung von **Social-Media-Kommunikation** steigt (vgl. Meffert et al., 2024, S. 643). Mit über 5 Mrd. Nutzer*innen weltweit erreichen Social Media viele Anspruchsgruppen (vgl. Statista, 2024). Die von Loßin et al. (2024) vorgenommene Analyse klimaschutzbezogener Social-Media-Kommunikation norddeutscher Kliniken offenbart ungenutztes Potenzial. So sind Social-Media-Kommunikationsinhalte zu Nachhaltigkeit eher vereinzelt zu finden. Der Abgleich der Website- und Social-Media-Kommunikation zeigt, dass die Websites mehr und umfassender über (ökologische) Nachhaltigkeitsaktivitäten der Häuser berichten, u. a. zu nachhaltigkeitsbezogenen Forschungsaktivitäten (vgl. Loßin et al., 2024, S. 992). Die plattformübergreifende Nachhaltigkeitskommunikation könnte noch besser aufeinander abgestimmt werden, um z. B. über LinkedIn potenzielle Arbeitnehmer*innen und über Instagram und TikTok speziell jüngere Menschen für eine Ausbildung zu gewinnen. Zudem empfiehlt sich für die gesundheitswirtschaftliche Nachhaltigkeitskommunikation eine zielgruppenspezifische Kanalpriorisierung. Potenzielle Patient*innen nutzen eher die Website. Für jüngere Zielgruppen kann Instagram ein relevantes Medium sein. Es eignet sich bspw. für Content-Marketing in Sachen Nachhaltigkeit (vgl. Albrecht, 2024, Interview).

Obgleich Online-Kommunikation im Zuge der digitalen Transformation zunimmt, spielen nach wie vor Fachzeitschriften für in der Gesundheitswirtschaft tätige Personen sowie Tageszeitungen für (potenzielle) Patient*innen eine wichtige Rolle, auch als für die Nachhaltigkeitskommunikation relevante Medien (vgl. Voß, 2024, Interview). Dr. Albrecht schätzt LinkedIn und Social Media für die Zielgruppe der potenziellen Arbeitnehmer*innen als Kanäle der Nachhaltigkeitskommunikation von Krankenhäusern als relevanter ein als die Website. Er hebt hervor, dass für klimaschutzbezogene Nachhaltigkeitskommunikation diese Zielgruppe tendenziell relevanter sei als die Zielgruppe potenzieller Patient*innen. Letztere wähle ein Krankenhaus primär nach Behandlung(sreferenzen) aus, fühle sich bei der Auswahl aber auch von klimaanpassungsbezogener Kommunikation angesprochen (vgl. Albrecht, 2024, Interview).

Konsequentes Nachhaltigkeitsengagement und dessen Kommunikation erfordern dauerhafte personelle und finanzielle Ressourcen. Zudem ist der Anspruch insb. externer Zielgruppen an dieses auch von der Organisationsgröße und geografischen Lage abhängig. Herr Voß betont, dass diesbezügliche Erwartungen an eine große Klinik in Berlin ungleich höher seien als an eine kleine, ländlich gelegene Klinik (vgl. Voß, 2024, Interview).

Gleichwohl ist zu klären, wie kleinere Organisationen unter für sie vertretbaren personellen und finanziellen Bedingungen in punkto Nachhaltigkeit und deren Kommunikation aktiv sein können. Ein Ansatzpunkt ist **Ambient-Marketing**. Es steht für unkonventionelle, unerwartete Kommunikationsmaßnahmen an unerwarteten, sich im (Lebens-)Umfeld der Zielgruppe befindlichen Orten. Damit lässt sich ein Überraschungseffekt mit hoher Aufmerksamkeit schaffen (vgl. Hutter & Hoffmann, 2013, S. 26). Ambient-Marketing ist eine weniger ausgefallene und doch kreative Unterform des Guerilla-Marketings (vgl. Kreutzer, 2022, S. 419).

Bereits kleinere Organisationen (z. B. Arztpraxen, Physiotherapiepraxen, Apotheken) können Ambient-Marketing einsetzen, bspw. in Wartezimmern. Auch für größere bieten sich Ambient-Marketing-Maßnahmen an. Dr. Albrecht weist auf die Krankenhaus-Lobby als Kommunikationsort für Nachhaltigkeitsengagement hin (vgl. Albrecht, 2024, Zoom-Interview). Dr. Hoffmann erwähnt Nachhaltigkeits-

Poster, die in den Cafeterien und Stationen des UKJ aushängen und somit viele Anspruchsgruppen erreichen (vgl. Hoffmann, 2024, Interview). Zudem könnte in der Zudem könnte in der Cafeteria auf den Speisetabletts ein QR-Code platziert werden, um über nachhaltige Speise- und Getränke-Produktion zu informieren. Je nach Kontext bzw. Zielgruppe ist die passende Nachhaltigkeitsdimension zu beachten. Für Patient*innen und Angehörige mögen bei der Verpflegung nicht ökonomische, sondern eher ökologische und soziale Nachhaltigkeitsaspekte bedeutsam sein. Das UKJ hat auf den Tischen Informationsschilder zu Nutri-Score und CO_2-Fußabdruck der Speisen aufgestellt (vgl. Hoffmann, 2024, Interview). Herr Voß merkt an, dass die LWL-Kliniken Gerichte auf dem Speiseplan explizit als *„besonders klimafreundlich"* kennzeichnen, die mindestens 40 % weniger CO_2-Äquivalente verursachen als Standardgerichte. Damit ergibt sich ein *„gutes Klimagewissen"* als Zusatznutzen der Speisenwahl. Hier erhielten die LWL-Kliniken sehr positive Resonanz von Patient*innen und Mitarbeitenden (vgl. Voß, 2024, Interview).

QR-Codes ermöglichen überdies eine Papiereinsparung. So könnten in den Patientenzimmern auf Mobiliar QR-Codes zur weiteren Information und Kommunikation platziert werden. Zusätzlich können über QR-Codes punktuelle Patientenbefragungen zur Nachhaltigkeitswahrnehmung etc. erfolgen, sodass zeitaktuelles Feedback übermittelt werden kann. Im Sinne einer glaubwürdigen Berücksichtigung aller Anspruchsgruppen ist zu beachten, die Informationen auch analog für Patient*innen ohne digitale Endgeräte vorzuhalten.

Eine weitere Möglichkeit sind zielgruppenrelevant gestaltete Gastbeiträge, z. B. für unternehmensfremde Websites oder Blogs (vgl. Gremm, 2024, S. 78). Für die Nachhaltigkeitskommunikation bieten sich zudem Beiträge in Praxisfachzeitschriften an, um über eigene Nachhaltigkeitsaktivitäten zu berichten. Zudem lässt sich Content-Marketing (offline und online) für die Nachhaltigkeitskommunikation einsetzen, etwa durch Flyer mit Verhaltenstipps bei Hitze oder durch Instagram-Posts ähnlichen Inhalts, um verschiedene Zielgruppen über ihre bevorzugten Kommunikationskanäle zu erreichen (vgl. Albrecht, 2024, Interview). Auch intern wird Content-Marketing praktiziert, z. B. mit Tipps im internen Newsletter des UKJ (vgl. Hoffmann, 2024, Interview).

Herr Voß verweist auf das Potenzial von Nachhaltigkeitskommunikation im Zuge der Mitarbeitendengewinnung. Derzeitige Mitarbeitende berichten, dass die glaubwürdige Nachhaltigkeitskommunikation ein positives Entscheidungskriterium zugunsten der LWL-Häuser gewesen sei. Es sei zunehmend festzustellen, dass Nachhaltigkeitsaktivitäten ein Entscheidungskriterium für oder gegen einen Arbeitgeber seien, so Herr Voß (vgl. Voß, 2024, Interview). Diese Einschätzung teilt Dr. Albrecht (vgl. Albrecht, 2024, Interview). Zudem betont Herr Voß, dass positive Berichterstattung zum Thema Nachhaltigkeit auf das Kerngeschäft ausstrahle, also auf die medizinische Behandlung. Dies unterstütze, dass die LWL-Häuser als gute Kliniken wahrgenommen werden (vgl. Voß, 2024, Interview).

▷ **Nachhaltig merken** Nachhaltigkeit und deren Kommunikation sind strategische Aufgaben von Organisationen, nicht nur rein operative Aktivitäten. Die Nachhaltigkeitsstrategie ist in Abstimmung mit anderen strategischen Perspektiven zu entwickeln. Es bedarf einer organisationsinternen Verankerung, um Nachhaltigkeitsengagement professionell und wirksam zu planen und zu gestalten und glaubwürdig zu kommunizieren. Dabei stellen potenzielle Mitarbeitende eine bedeutsame Zielgruppe der Nachhaltigkeitskommunikation gesundheitswirtschaftlicher Organisationen dar.

▷ **Nachhaltig handeln** Die organisationsstrategische Verankerung (z. B. Stabsstelle Nachhaltigkeit), schafft die Basis für ein konsequentes Nachhaltigkeitsengagement und dessen professionelle Kommunikation. Entscheidend ist eine kontinuierliche, wirksame (Online-)Kommunikation, die regelmäßig verfeinert und optimiert wird (z. B. durch SEO-Maßnahmen zur besseren Auffindbarkeit von Nachhaltigkeitsinhalten). Je nach Zielgruppe und konkretem Themenaspekt ist die Nachhaltigkeitskommunikation inhaltlich und kanalbezogen anzupassen.

3.2   Produkt- und/oder Prozessebene

Die nachhaltigkeitsbezogene Anpassung von Produkten und Prozessen bietet über Klimaanpassung und -schutz eine substanzielle Basis für die Kommunikation nachhaltigkeitsbezogenen Engagements. Entscheidend ist es, Nachhaltigkeit ganzheitlich zu denken – über reine Kernprodukte hinaus und bezogen auf deren Produkt-Lebenszyklus sowie vor- und nachgelagerte Lieferketten (vgl. Pinkawa, 2024, S. 116; Horneber et al., 2023, S. 58). Gerade größere Organisationen haben einen hohen Ressourcenbedarf und -verbrauch, aus dem erhebliches Klimaschutzpotenzial erwächst (vgl. BMWK, 2024). Im Zuge des Projekts KLIK green (2019 bis 2022) qualifizierten sich Fachkräfte zu Klimamanager*innen. Dies ermöglichte substanzielle Einsparungen (z. B. bei Energie, Beschaffung und Speiseversorgung) und trug zum Klimaschutz und zur Budgetentlastung bei (vgl. KLIK green, 2024). Hoffmann (2022, S. 69) gibt einen Überblick über Produkt- und Prozessaspekte mit Ressourcenschonungspotenzial (Tab. 3.1).

Tab. 3.1 Bereiche und Potenziale zur Ressourcenschonung im Krankenhaus. (Quelle: Hoffmann, 2022, S. 69, leicht angepasst)

Bereich	Potenzial zur Ressourcenschonung
Betriebsführung	Energie, Wasser, Abfall, Transporte, Verpflegung
Dienstleister, Geschäftspartner	Beratung, Engagement, Lieferketten, Geschäftsgebaren
Einkauf, Beschaffung	Lebenszykluskosten von Produkten, Lagerbestand, Recycling-/Primärmaterial
Hygiene	Technische Hygiene, Krankenhausinfektionen, Hygiene- und Desinfektionsprodukte
Information, Kommunikation	Digitalisierung, Schnittstellen, Datentransfer, Sicherheit
Medizin	Heilung, Gesundheitsförderung und -erhaltung, Prävention, Forschung
Medizintechnik	Produktsicherheit, Ecodesign, Herstellungsprozess, Materialienauswahl, Digitalisierung, Verknüpfung von Gerät, Technik und Dienstleistung
Öffentlichkeitsarbeit	Kommunikation, Berichtswesen, Netzwerke, Strategie, Innovation
Patient*innen	Versorgungsstruktur, Rehabilitation, Patientenwohl, Zufriedenheit
Personal, Personalmanagement	Qualifiziertes Personal, betriebliches Gesundheitsmanagement, Arbeitsschutz, Arbeitsmodelle, Aus-, Fort- und Weiterbildung
Pflege	Arbeitsbedingungen, Ausstattung, Bedürftigkeit, Behandlung
Planung, Bau	Gebäudestruktur, Bausubstanz, Lebenszyklus Bauwerk, Umgebung, Landschaft
Prozesse	Betriebsprozesse, Qualitätssicherung, Prozessführung

Die organisationsinterne, abteilungs- und organisationsübergreifende Verknüpfung und Vernetzung zugunsten von mehr Nachhaltigkeit erfordert Digitalisierung, die mit der Neugestaltung und Überarbeitung von Prozessen und Produkten einhergeht. Damit werden Rethink und Redesign, zwei Rs nachhaltiger Organisationsführung (vgl. Kap. 1), unmittelbar adressiert (vgl. Kreutzer, 2023, S. 27–28). Es bedarf valider Daten zum Definieren nachhaltigkeitsbezogener Ziele und Maßnahmen, zur Erfolgsmessung der Aktivitäten und zur zahlengestützten Erfolgskommunikation. Folglich sind Digitalisierung und Nachhaltigkeitsengagement als Querschnittsaufgaben zu gestalten (vgl. Schubert et al., 2024, S. 36–37). Hierfür findet der Begriff „Twin Transformation" Verwendung (vgl. Ernest & Young, 2023, S. 2). Er steht im Einklang mit dem Prinzip von Smart Hospitals – digital transformierte Organisationen, die Produktivität steigern und Wartungs- und Energiekosten senken können (vgl. Siemens, 2024). So finden die ökologische und die ökonomische Nachhaltigkeitsdimension Berücksichtigung.

Nachhaltiges Praxisbeispiel: Zukunft Krankenhaus-Einkauf (ZUKE)

ZUKE Green fokussiert sich im Kontext stationärer gesundheitlicher Versorgung auf die sozial-ökologische Transformation unter Einbeziehung der Digitalisierung der Gesundheitswirtschaft. Durch die Vernetzung von Krankenhäusern, Krankenhausmitarbeitenden und weiteren Organisationen sollen innovative Veränderungen Ressourcenintensität sowie Klima- und Umweltbelastung von Krankenhäusern reduzieren (vgl. ZUKE, 2024). ◄

Das Beispiel ZUKE Green untermauert die Bedeutung, sich organisationsübergreifend Verbündete zu suchen. Die Lieferantenwahl bietet besonderes Potenzial, z. B. durch nachhaltige Produktlösungen wie Bagasse-Medikamentendispenser, die Kunststoff durch ein Abfallprodukt der Zuckerproduktion ersetzen (vgl. Horneber, et al. 2023, S. 82–85). Dies ist eine beispielhafte Maßnahme auf dem Weg hin zu Refuse, ein weiteres der 10 Rs nachhaltiger Organisationsführung. Refuse bezieht sich auf die vollständige Ablehnung nicht nachhaltiger Rohstoffe, Produkte und/oder Prozesse (vgl. Kreutzer, 2023, S. 26).

Nachhaltiges Praxisbeispiel: Arbeitsgemeinschaft Nachhaltigkeit in der Dermatologie (AGN) e. V.

Organisations- und aktivitätsfeldübergreifend ausgerichtet ist das Engagement der AGN, einer Sektion der Deutschen Dermatologischen Gesellschaft (DDG). Sie entwickelt für Klinik- und Praxisaktivitäten ressourcenoptimierende Maßnahmen und konzentriert sich auf die Reduktion von Makro- und Mikroplastik. Das übergreifende Engagement bringt verschiedene Akteur*innen zusammen (z. B. Arztpraxen, Kosmetiksalons und Apotheken) (vgl. AGN, 2024). ◄

Branchenübergreifend finden sich ebenfalls Initiativen und Good Practices zur nachhaltigkeitsbezogenen Optimierung von Wertschöpfungsketten, deren Vorgehen und Impulse sind (vgl. DBU, 2024). Rechtlich unterstützt wird das Engagement durch das Lieferkettensorgfaltspflichtengesetz (s. Abschn. 2.2)
Nachhaltigkeit kann zudem ergänzende Prozesse betreffen. So hat das UKJ seine Bestellprozesse und Speisenzusammensetzungen optimiert (vgl. Hoffmann, 2024, Interview; UKJ, 2024a, b, S. 24–25). Die Außenwirkung und -kommunikation dieser Prozessoptimierung könnten sekundäre Entscheidungskriterien potenzieller Patient*innen bei der Krankenhauswahl sein (vgl. Albrecht, 2024, Interview). Ein verstärktes gesellschaftliches Interesse an Nachhaltigkeit kann sich positiv auf die Nachhaltigkeitsaktivitäten auswirken (vgl. Albrecht, 2024, Interview). Entscheidend für Nachhaltigkeitsengagement, aus dem langfristig ökonomische Vorteile resultieren, sind der Wille und der überzeugte Einsatz der Organisationsleitung (vgl. Hoffmann, 2022, S. 72).

▶ **Nachhaltig merken** Auch Produkte mit Dienstleistungscharakter (z. B. medizinische Behandlung) bieten nachhaltigkeitsbezogenes Potenzial. Überzeugung und aktives Engagement der Organisationsleitung sind entscheidend für dessen Ausschöpfung. Aus konkretem Nachhaltigkeitsengagement resultieren greifbare Inhalte für die Außenkommunikation. Zudem können zentrale Rs nachhaltiger Organisationsführung explizit berücksichtigt werden, z. B. Rethink, Redesign und Refuse.

▶ **Nachhaltig handeln** Produkt- und prozessbezogene Nachhaltigkeit ist ganzheitlich zu planen. Dies erfordert eine enge Abstimmung zwischen Verantwortlichen und beteiligten Abteilungen und ist im Kontext der digitalen Transformation gesundheitswirtschaftlicher Organisationen zu berücksichtigen. Zur Datenerfassung und -verknüpfung ist Digitalisierung im Zuge des Nachhaltigkeitsengagements unabdingbar.

3.3   Prävention von Kommunikationsdefiziten

Um den Kommunikationserfolg nicht zu gefährden, sind mögliche Kommunikationsdefizite im Vorfeld zu identifizieren, um einen unzutreffenden Eindruck zu vermeiden und nicht Gefahr zu laufen, dass Adressat*innen das Kommunizierte als „*Greenwashing*" interpretieren. Greenwashing (auch: Grünfärberei) steht für ein Vorgehen, bei dem Organisationen derart kommunizieren, dass die Aktivitäten nachhaltiger nach außen transportiert werden, als sie faktisch sind. Dadurch vermitteln diese Akteur*innen ein nicht zutreffendes Nachhaltigkeitsverständnis und -bewusstsein, das einer glaubwürdigen Nachhaltigkeitskommunikation abträglich ist (vgl. Scherenberg & Kesting, 2023, S. 61; Grimm & Malschinger, 2021, S. 193).

Die Green Claims Directive (GCD) der Europäischen Union (EU) stellt auf die Eindämmung irreführender Nachhaltigkeitskommunikation ab. Die Richtlinie bezweckt, dass Umweltschutzaussagen standardisiert werden, wissenschaftlich fundiert sind, auf nachprüfbaren Daten, Methoden und Informationen basieren und vollständig, relevant und aktuell sind. Die GCD ist ein bedeutsamer Beitrag zu globalen Anti-Greenwashing-Maßnahmen (vgl. Pinkawa, 2024, S. 115–116). Der Ratgeber der Biodiversity in Good Company Initiative (vgl. Grimm & Malschinger, 2021, S. 195) bietet mit den Grundprinzipien glaubwürdiger Kommunikation eine weitere Basis glaubwürdiger Nachhaltigkeitskommunikation (vgl. Tab. 3.2).

Herr Voß sieht Behauptungen ohne Belege als Greenwashing-Indikatoren in der Nachhaltigkeitskommunikation an (Voß, 2024, Interview). Dr. Albrecht weist da-

Tab. 3.2 Grundprinzipien glaubwürdiger Kommunikation. (Quelle: Grimm & Malschinger, 2021, S. 195–196)

Grundprinzip	Erläuterung
Wesentlichkeit	Im Fokus der Kommunikation stehen die wichtigsten Informationen
Vollständigkeit	Alles Wesentliche findet Erwähnung und wird transparent dargestellt
Ausgewogenheit	Objektive Basis zur Meinungsbildung Dritter durch Kommunikation positiver Botschaften wie auch Herausforderungen
Vergleichbarkeit	Informationsdarstellung ermöglicht Nachvollziehbarkeit erzielter Leistungen im Zeitverlauf
Genauigkeit	Verwendung konkreter und präzise formulierter Informationen, Daten und Fakten
Aktualität	Kommunikation aktueller Informationen
Zuverlässigkeit	Überprüfbarkeit der Informationen durch Dritte, unterstützt durch Daten und Belege
Klarheit	Interpretationsfreiheit der Informationen durch objektiv eindeutige Vermittlung

rauf hin, dass es keine Nachhaltigkeitsleistung darstelle, wenn Unternehmen etwas in Bezug auf ihr Nachhaltigkeitsengagement posten, was gesetzlich vorgeschrieben ist (vgl. Albrecht, 2024, Interview). So gibt es gesetzliche Vorgaben für technische Anlagen und bzgl. Grenzwerten in der Abfallentsorgung (vgl. Schubert et al., 2024, S. 28). Loben sich Kliniken in der Außenkommunikation dafür, diesen Vorgaben zu entsprechen, und merken Adressat*innen dies, leide die Glaubwürdigkeit erheblich (vgl. Albrecht, 2024, Interview). Verstärktes Greenwashing anderer Akteur*innen kann die Kommunikationsglaubwürdigkeit echten Nachhaltigkeitsengagements beeinträchtigen. Insoweit können Beweise und Transparenz dieser Entwicklung professionell entgegenwirken (vgl. Platschke, 2020, S. 23–24). Auch hilft eine konstruktive Fehlerkultur, die Glaubwürdigkeit von Nachhaltigkeitskommunikation stetig zu reflektieren und zu verbessern. *„Erfahrung macht schlau"*, bringt es Dr. Hoffmann auf den Punkt (vgl. Hoffmann, 2024, Interview).

Weiterhin kann es der Glaubwürdigkeit abträglich sein, wenn unkritisch positiv über minimales Engagement berichtet wird und wenn Nachhaltigkeitskommunikation bewusst den Schwerpunkt vom Kerngeschäft wegbewegt und sich hierzu bedeckt hält. Von einer kleinen, ländlichen Klinik wird in punkto Nachhaltigkeitsengagement inhaltlich nicht genauso viel erwartet wie von einem großstädtischen Klinikum. Zudem ist darauf zu achten, dass Mitarbeitende gut über das organisationale Nachhaltigkeitsengagement informiert sind, zumal sie Multiplikator*innen für die Außenkommunikation sind. Unvollständige interne nachhaltigkeitsbezogene Informationstransparenz kann zu Fehlinformationen in der Außenkommunikation führen (vgl. Albrecht, 2024, Interview).

Ein weiterer Schritt zu einer verbesserten Nachvollziehbarkeit von Nachhaltigkeitsaktivitäten ist die Verpflichtung zur Erstellung eines Nachhaltigkeitsberichts. Gemäß der Corporate Sustainability Reporting Directive (CSRD) gilt diese Verpflichtung seit 2025 für alle großen Organisationen, und somit bspw. auch für größere Kliniken. Grundlage hierfür ist die EU-Richtlinie 2022/2464. Diese Berichtspflicht ist ein relevanter externer Treiber für mehr Nachhaltigkeitsengagement (vgl. Albrecht, 2024, Interview). Sie bringt Chancen und Aufwand mit sich. Chancen liegen in der Erfassung von Daten und Vorgängen und daraus ableitbaren Verbesserungsmaßnahmen, Zielen und Kennzahlen. Für die Unterstützung der aufwändigen Berichterstattung und deren systematischer Kommunikation bietet die Deutsche Krankenhaus TrustCenter und Informationsverarbeitung GmbH (DKTIG) als Software-Lösung das Programm *„Mein nachhaltiges Krankenhaus"* an (vgl. DKTIG, 2024; Loßin et al., 2024, S. 993). Es schafft eine weitere Basis zur Vermeidung von Kommunikationsdefiziten. Zudem kann eine Orientierung an Vorreitern, Unterstützungsmaßnahmen und Best Practices zielführend sein. Diesbezüglich erwähnt Dr. Hoffmann die mit dem UKJ verbundenen Waldkliniken Eisenberg, die sich als nachhaltige Häuser positionieren und weiterentwickeln, z. B. über Neubaumaßnahmen mit entsprechenden Baumaterialien (vgl. Hoffmann, 2024, Interview).

Transparenzfördernd ist zudem das in Abschn. 3.2 thematisierte Projekt KLIK green. Die Professionalisierung des Nachhaltigkeitsengagements durch qualifizierte Klimamanager*innen schafft eine Grundlage für transparente externe und interne Kommunikation. Auch organisationsintern ist eine glaubwürdige Nachhaltigkeitskommunikation ein Erfolgsfaktor für bestehendes und künftiges Engagement.

▷ **Nachhaltig merken** Greenwashing bzw. bewusst aufgebauschte und/oder von weniger nachhaltigen Kernaktivitäten ablenkende Nachhaltigkeitskommunikation schadet der Glaubwürdigkeit der Akteur*innen. Glaubwürdige Kommunikation kann durch eine professionalisierte Planung und transparente, nachvollziehbare Kommunikation sichergestellt werden, ebenso durch eine Orientierung an Best Practices und die Unterstützung durch zusätzliche Leitlinien und Expert*innen. Die Bereitschaft, etwaige Kommunikationsfehler einzugestehen und aus diesen zu lernen, reduziert zukünftige Kommunikationsdefizite.

▷ **Nachhaltig handeln** Die Vermeidung von Kommunikationsdefiziten erfordert ein professionelles Kommunikationsmanagement nach innen und außen. Entscheidend ist es, Mitarbeitende kontinuierlich und umfassend über das Nachhaltigkeitsengagement zu informieren, sie als Multiplikator*innen zu unterstützen bzw. zu gewinnen und auf eine konsistente und professionelle Kommunikation nach außen zu achten. Gewährleistet werden kann dies z. B. durch Stabsstellen für Nachhaltigkeit und durch die Orientierung an und Einbeziehung bewährter Best Practices und Expert*innen. Es ist hilfreich, die Wirkung des Nachhaltigkeitsengagements sowie die Nachhaltigkeitskommunikation zu messen und zu evaluieren (z. B. mittels Befragungen und Performance-Marketing).

3.4 Prämissen glaubwürdiger Kommunikation

Glaubwürdige Kommunikation des Nachhaltigkeitsengagements können Organisationen selbst proaktiv umsetzen und/oder durch externe Vorgaben stärken. Für Organisationen in der Gesundheitswirtschaft ist nachhaltiges Handeln bedeutsam, da sie Verursacher und Betroffene des Klimawandels sind. Von gesundheitlichen Folgen des Klimawandels sind sowohl Patient*innen als auch Mitarbeitende betroffen. Nur ein klimaresilientes Gesundheitswesen ist kurz-, mittel- und langfristig in der Lage, die (gesundheitlichen) Auswirkungen des Klimawandels zu bewältigen (vgl. SVR, 2023, S. 7). Auf der organisationalen Ebene kann Resilienz somit als Fähigkeit verstanden werden, durch angepasste Strukturen und Prozesse herausfordernde zukünftige Situationen zu bewältigen und so die Funktionsfähigkeit aufrechtzuerhalten (vgl. SVR, 2023, S. 6). Während der Fokus in Abschn. 3.3 eher auf extern ausgerichteten Aspekten bzw. Regularien lag, adressieren die folgenden Ausführungen positive Aspekte bzw. das, was Organisationen ohne Vorgaben von außen selbst gestalten und initiieren können. Anzumerken ist, dass glaubwürdiges Handeln Fachwissen der Mitarbeitenden voraussetzt. Programme wie **Bildung für nachhaltige Entwicklung (BNE)** unterstützen die Befähigung zu zukunftsfähigem Denken und Handeln und somit zur Erreichung der SDGs (vgl. BMBF, 2024). Wichtig ist, dass Organisationen die folgenden Aspekte im Rahmen von z. B. E-Learning-Tools berücksichtigen (vgl. Hamburg, 2020, S. 377), damit das Commitment der Mitarbeitenden hoch ist:

- Die **Bedeutung** eines umfassenden Blicks auf Nachhaltigkeit,
- eine **Definition**, was Nachhaltigkeit für die jeweilige Organisation bedeutet,
- wie alle **Stakeholder** eingebunden werden können,
- wie wichtig es ist, die **Strategie** in der gesamten Organisation zu kommunizieren,
- dass **kleine Veränderungen** (jedes Einzelnen) einen Unterschied ausmachen,

- wie Nachhaltigkeit einen Einfluss auf die **Rentabilität** haben kann und
- dass die größte Nachhaltigkeitsinvestition oft im **Zeitmanagement** liegt bzw. Engagement langfristige und kontinuierliche Anstrengungen erfordert.

Organisationen können glaubwürdiges Handeln unterschiedlich unterstützen und verankern, angefangen bei BNE-Maßnahmen bis hin zu *„sanften Anstupsern"* in Form von **Nudges** zur Verhaltensänderung. Dabei können **„Corporate Nudges"** als strategische Anreize **unterschiedliche** Ziele verfolgen (vgl. Harff & McLachlan, 2021, S. 41) und Mitarbeitende dazu bewegen, Entscheidungen im Einklang mit bestimmten Zielen zu treffen, ohne deren Entscheidungsfreiheit einzuschränken. Folgende Nudges werden unterschieden:

- **„Health Nudges"** verfolgen gesundheitliche Ziele, bspw. indem Organisationen Wasserstationen für Mitarbeitende platzieren, damit wiederverwendbare Wasserflaschen anstelle von Einwegplastikflaschen verwendet werden. Dies fördert eine gesunde Flüssigkeitsaufnahme und reduziert Plastikmüll.
- **„Green Nudges"** verfolgen ökologische Ziele, indem bspw. Mitarbeitenden Anreize geboten werden, umweltfreundliche Verkehrsmittel für den Arbeitsweg zu nutzen (z. B. Jobrad, Deutschlandticket). Derartige Nudges fördern eine nachhaltige Verkehrsmittelwahl und können dadurch den CO_2-Ausstoß reduzieren (s. vertiefend zu Green Nudging Rumler & Wagner, 2025).
- **„Compliance Nudges"** verfolgen regulatorische Ziele, indem Organisationen z. B. digitale Systeme einsetzen, die automatisch Abfallsortierungsprozesse verfolgen und Berichte über nicht recycelte Abfallmengen erstellen. Dies dient nicht nur der Einhaltung gesetzlicher Umweltvorschriften, sondern fördert auch das Bewusstsein für nachhaltige Praktiken, indem es Compliance leicht nachvollziehbar macht.

Zudem lassen sich zielgruppenspezifische Nudges differenzieren, so etwa **„Customer Nudges"** (für Kund*innen) und **„Patient Nudges"** (für Patient*innen) (vgl. Harff & McLachlan, 2021, S. 41). Zielbezogen können ferner folgende **Nudges-Typen** unterschieden werden (vgl. Cadario & Chandon, 2020, S. 666–667):

- **„Kognitive Nudges"** zielen auf das Wissen von z. B. Mitarbeitenden ab. So können Kranken**häuser** Recyclingstationen kennzeichnen, um Mitarbeitende zur korrekten Mülltrennung zu ermutigen. Die Integration nachhaltiger Praktiken in den Arbeitsalltag fördert das Umweltbewusstsein.
- **„Affektive Nudges"** stellen emotionale Appelle dar. Ein Beispiel ist via Newsletter transparent gemachter Erfolg bei der Reduktion von Energie- oder

Wasserverbrauch. Dies schafft ein Gefühl der Zugehörigkeit und des Stolzes und motiviert das Personal zu weiterem Nachhaltigkeitsengagement.

- **„Verhaltensbezogene Nudges"** zielen auf eine konkrete Verhaltensänderung ab. Als Beispiel hierfür können in Kliniken energiesparende Geräte standardmäßig im Energiesparmodus laufen (z. B. Drucker, medizinische Bildgebungsgeräte (CT-Scanner; MRT-Gerät)) oder es können umweltfreundliche Reinigungsmittel gut sichtbar platziert werden.

Eine zentrale Herausforderung bei der Durchsetzung nachhaltiger Verhaltensweisen besteht darin, dass aktuelle Aufwände (bzw. Bemühungen, Kosten) oft überbewertet (Overvalue) und künftige Aufwände unterschätzt (Overdiscount) werden. Die Unterschätzung bestehender bzw. zukünftig steigender Risiken (z. B. Klimawandel) kann dazu führen, dass die Motivation zum Handeln gering ausgeprägt ist (vgl. Gattig & Hendrickx, 2007, S. 27–28). Dieses als wertende Diskontierung (Judgemental Discounting) bekannte Phänomen macht deutlich, wie wichtig BNE, Nudging und die transparente Kommunikation von Nachhaltigkeitserfolgen sind, um unterschiedliche Zielgruppen (z. B. Mitarbeitende, Patient*innen) zu sensibilisieren und zu aktivieren.

Werden institutionelle Nudges initiiert, sollten ethische Regeln beachtet werden, da Nudging oft mit dem Vorwurf der **Manipulation** verbunden ist. Folglich sollten Nudging-Maßnahmen dem Wohle des Individuums und der Allgemeinheit dienen. Zudem sollten Nudging-Techniken transparent sein, d. h. durch kommunikative Maßnahmen begleitet und Zielgruppen bei der Entwicklung einbezogen werden. Dies ist für die Akzeptanz relevant, da wichtig ist, wer die Nudging-Maßnahme initiiert hat (Messenger-Effekt) (vgl. Meisler, 2020, S. 15). Kataloge mit *„Green Nudges"* (www.green-nudging.de/nudges/nudgekatalog), die Organisationen als Inspiration dienen können, wurden im Rahmen des Verbundprojekts „Green Nudging" entwickelt, das durch die Nationale Klimainitiative gefördert wurde (vgl. Bremer Energie-Konsens GmbH, o. J.).

Nachhaltiges Praxisbeispiel: Universitätsklinikum Jena (UKJ)

Die Cafeterien des UKJ kommunizieren bei Gerichten den Nutri-Score und die CO_2-Bilanz, sodass der CO_2-Fußabdruck transparent wird. Diese Informationen sind auch am Tisch verfügbar. Dr. Hoffmann betont, dass die Menschen diese Informationen der Erfahrung nach erst erhalten möchten, wenn sie am Tisch sitzen. Es sei ein psychologischer und soziologischer Prozess und es gehe darum, Menschen kognitiv zu erreichen. Bei der nächsten Essensbestellung erinnern sie sich daran. Adressiert werden Mitarbeitende, Studierende, Patient*innen und Besucher*innen (vgl. Hoffmann, 2024, Interview; UKJ, 2024b, S. 25). ◄

Eigeninitiativ agierende organisationsinterne Gruppen, die sich dem Nachhaltigkeitsengagement verschrieben haben, prägen die Bottom-up-Aktivitäten in punkto Nachhaltigkeit (vgl. Albrecht, 2024, Interview; Voß, 2024, Interview). Gefördert werden kann dieses Engagement durch Wertschätzungen (z. B. intern kommunizierter Projektabschlussbericht und/oder externe Medienberichterstattung). Dies bietet Potenzial, dass diese Mitarbeitenden noch aktiver als Nachhaltigkeits-Treiber*innen in Erscheinung treten (vgl. Hoffmann, 2024, Interview) und auch selbst intern und extern Nudges setzen.

Ein weiterer Punkt ist die eigene Vorbereitung und Ausgestaltung der Nachhaltigkeitskommunikation. Herr Voß bringt es wie folgt auf den Punkt: *„(…) [I]ch muss (…) eine gute Geschichte erzählen und ich muss vor allen Dingen sehen, wie packe ich die Menschen beim Herzen?"* (Voß, 2024, Interview). Hierbei ist darauf zu achten, die Kommunikation spannend und nicht zu detailverliebt zu halten und ein für den Kommunikationskanal und die Primärzielgruppen passendes Wording zu nutzen (vgl. Hoffmann, 2024, Interview).

Nachhaltiges Praxisbeispiel: LWL-Kliniken Münster und Lengerich

An den LWL-Klinik-Standorten Münster und Lengerich gibt es Bienenfutterautomaten, die aus alten Kaugummiautomaten hergestellt werden. Die Umrüstung erfolgt seitens des Partners Bienenretter. Die Automaten enthalten regionale Saatgutmischungen mit recyclebaren Kapseln zu 50 Cent, versehen mit einer Saatgutanleitung. Leere Kapseln werden gesammelt und in einer integrativen Werkstatt neu befüllt. Herr Voß berichtet, dass Erwachsene und Kinder die Automaten begeistert annehmen, weil das Projekt sie emotional erreicht. Es hat somit eine sehr positive Kommunikationswirkung für die Kliniken (vgl. Voß, 2024, Interview; LWL-Klinik Lengerich, 2022, S. 54). ◄

Das Beispiel zeigt, dass Nachhaltigkeitskommunikation auch dann positiv wirken kann, wenn sie sich inhaltlich nicht unmittelbar auf das Kerngeschäft (hier: medizinische Behandlung) bezieht. Es adressiert sogar mehrere Dimensionen der Nachhaltigkeit – die soziale und die ökologische. So entsteht eine sehr gute Aufwands-Nutzen-Relation des Projekts *„Bienenautomat"*. In Bezug auf die 10 Rs nachhaltiger Organisationsführung (vgl. Kap. 1) wird mit der Wiederverwendung der Automaten der Aspekt Repurpose umgesetzt (vgl. Kreutzer, 2023, S. 33).

Überdies lässt sich Nachhaltigkeitsengagement direkt mit Kernaktivitäten verknüpfen. Eine Geburtsklinik könnte für jede Geburt einen Baum pflanzen und dies kommunizieren. Wichtig ist die Entwicklung eines schlüssigen Gesamtpakets anstelle von Einzelmaßnahmen. Ebenso ist sicherzustellen, dass das Engagement in angemessener Relation zur Organisationsgröße steht. So wirke es nicht positiv, wenn sich eine großstädtische Klinik in der Außenkommunikation damit rühme, zwei Bäume gepflanzt zu haben (vgl. Albrecht, 2024, Interview). Eine weitere Möglichkeit sind an die Öffentlichkeit gerichtete Aktionen wie Umweltschutztage, so bspw. am UKJ (vgl. Hoffmann, 2024, Interview).

Zusätzliches Potenzial für glaubwürdige Kommunikation liegt darin, Mitarbeitende für die Außenkommunikation organisationaler Aktivitäten zum nachhaltigen Handeln zu gewinnen. So sind in vielen Häusern Mitarbeitendengruppen mit Nachhaltigkeitsengagement betraut, bspw. die AG Nachhaltigkeit im UKJ (vgl. Hoffmann, 2024, Interview). Identifizieren sich Mitarbeitende mit dem Engagement ihres Arbeitgebers und tragen dieses positiv nach außen (z. B. über ihren privaten Social-Media-Account), erhöhe dies die Glaubwürdigkeit der organisationalen Nachhaltigkeitskommunikation substanziell, berichtet Herr Voß (vgl. Voß, 2024, Interview). Dr. Albrecht betont, dass Krankenhaus-Mitarbeitende selbst bedeutsame Nachhaltigkeitstreiber*innen seien (z. B. mit eigens initiierten Maßnahmen zur Energie(kosten)einsparung oder zur Müllreduktion). Ein solches Bottom-up-Engagement könnte der Startpunkt für eine organisationsstrategische Priorisierung von Nachhaltigkeit sein, etwa durch die Bestellung von Nachhaltigkeitsbeauftragten und -teams (vgl. Albrecht, 2024, Interview). Auch Mitarbeitenden-Testimonials können das interne Engagement für Nachhaltigkeit stärken, wenn sie authentische Einblicke ins Nachhaltigkeitsengagement von Mitarbeitenden geben. Sie fördern den Stolz und die Motivation der Mitarbeitenden, solche Initiativen aktiv zu unterstützen, und schaffen externes Vertrauen in die Organisation, indem sie praktizierte ökologische und soziale Verantwortung transparent darstellen (z. B. Helios Klink: Wir leben Nachhaltigkeit #Helios #TeamMittelweser) (vgl. Helios Kliniken GmbH, 2024). Zudem ist es für eine erfolgreiche Nachhaltigkeitskommunikation entscheidend, dass sie nicht bevormundend und negativ-abschreckend erfolge, so Herr Voß. Nachhaltigkeitskommunikation ist stets positiv zu gestalten. Sie soll neugierig machen, inspirieren und positiv überraschen (z. B. sehr schmackhaftes fleischloses Krankenhausessen). Das positive Vorgehen bezieht er ausdrücklich auf die eigene Einstellung der Organisation zum Thema Nachhaltigkeit: Zeigen, dass etwas geht, und sich nicht daran festhalten, was möglicherweise nicht geht (vgl. Voß, 2024, Interview). Positivformulierungen sind gerade in Bezug auf die Wirksamkeit der erläuterten Health und Green Nudges entscheidend. So könnte ein Nudge an die Mitarbeitenden lauten: *„Komm mit dem Fahrrad zur Arbeit – das ist gut für deine Gesundheit und für das Klima."* Alarmismus bzw. verbotsbezogene Kommunikation nutze sich hingegen ab, ein dezidiert positives Narrativ sei entscheidend (vgl. Albrecht, 2024, Interview). Hinzu kommt die Wahl des adäquaten Kommunikationsmediums. So passen emotionale Geschichten weniger gut in die faktendominierte Fachpresse, sondern eher in Social Media, die ein breites Publikum erreichen (vgl. Voß, 2024, Interview).

Ein entscheidender Faktor für glaubwürdige Nachhaltigkeitskommunikation ist, dass diese vom Führungspersonal persönlich vertreten und gelebt werde, so Herr Voß. Er merkt an, dass in der Führung der LWL-Häuser in der Führungsspitze zunehmend Verantwortliche mit einer hohen intrinsischen Motivation für Nachhaltigkeitsthemen arbeiten, die somit keine Nachhaltigkeitsanstöße von außen benötigen (vgl. Voß, 2024, Interview). Sie „(…) brennen für diese Thematik." (Voß, 2024, Interview).

Zudem können die explizite Bezugnahme auf und die Orientierung an allgemein anerkannten nachhaltigkeitsbezogen Standards wie dem DNK, der WIN-Charta (seit 2024 KLIMAWIN, vgl. Ministerium für Umwelt, Klima und Energiewirtschaft Baden-Württemberg, 2024) und dem LkSG (vgl. Abschn. 2.1 bzw. Abschn. 2.2) die kommunikative Glaubwürdigkeit stärken. Diesbezüglich unterstützen können externe Zertifizierungen, bspw. die EMAS-Zertifizierung (vgl. Voß, 2024, Interview). EMAS (Eco-Management and Audit Scheme) steht allen Branchen und Organisationsgrößen offen, erfüllt die Anforderungen der DIN EN ISO 14001 und ist weltweit anwendbar (vgl. EMAS, 2024). Durch Zertifizierungen kann eine im Vergleich zu nachhaltigkeitsbezogenen Preisen und Auszeichnungen (vgl. Abschn. 3.1) noch deutlich höhere Legitimation des Nachhaltigkeitsengagements erreicht werden. Auch Gütesiegel fördern die Glaubwürdigkeit von Nachhaltigkeitskommunikation. Das Gütesiegel „Energie sparendes Krankenhaus" wird seit 2001 an Krankenhäuser und Reha-Kliniken verliehen, die in besonderem Maße zum Klimaschutz beitragen (vgl. BUND-Gütesiegel „Energie sparendes Krankenhaus", 2025; Hoffmann, 2022, S. 72).

Erfolgskritisch ist zudem Kontinuität bei Nachhaltigkeitsaktivitäten und – kommunikation (vgl. Voß, 2024, Interview). Dazu bedarf es einer möglichst starken strategischen Verankerung des Nachhaltigkeitsengagements. Dr. Hoffmann erwähnt, dass ein gewisses Gespür für aktuell relevante Themen hilfreich sei, um diese anzustoßen, Impulse von Dritten (z. B. neuen Kolleg*innen) zu holen und den richtigen Zeitpunkt für die Kommunikation zu finden. Als wertvoll erweise sich hier eine jahrelange Erfahrung in punkto Nachhaltigkeitskommunikation (vgl. Hoffmann, 2024, Interview).

▶   **Nachhaltig merken** Erfolgreiche, glaubwürdige Nachhaltigkeitskommunikation ist stets positiv formuliert und zielgruppengerecht. Sie vermeidet einen bevormundenden Stil und macht Adressat*innen keine Angst und kein schlechtes Gewissen. Zudem zeigt sie Chancen, Anreize und Nutzenpotenziale auf. So bildet sie die Basis dafür, Zielgruppen von Nachhaltigkeitsengagement zu überzeugen, und fördert so intrinsische Motivation und die Bereitschaft zu nachhaltig ausgerichtetem Denken und Handeln.

> **Nachhaltig handeln** Die Umsetzung erfolgreicher, glaubwürdiger
> Nachhaltigkeitskommunikation basiert auf strategischer Planung, Pro-
> fessionalisierung und etablierten Nachhaltigkeitsstandards, setzt auf
> zielgruppengerechte Kommunikationskanäle, vielfach auf emotionale
> Ansprache und bezieht Zielgruppen aktiv mit ein. Gesundheitswirt-
> schaftliche Organisationen können diese Kommunikation fördern,
> indem sie Raum für intrinsisch motiviertes Engagement der Be-
> schäftigten schaffen, die selbst Nudges setzen und intern wie extern als
> Nachhaltigkeitsmultiplikator*innen auftreten können. Freiwilliges or-
> ganisationales Zusatzengagement unter der Prämisse glaubwürdiger
> Kommunikation kann eine weitere Positivwirkung erzeugen. Es gilt
> zudem: Wer sich mehr für Nachhaltigkeit engagiert, kann mehr kom-
> munizieren.

Literatur

AGN – Arbeitsgemeinschaft Nachhaltigkeit in der Dermatologie (AGN) e. V. (2024). Home-
   page. https://agderma.de/. Zugegriffen am 31.10.2024.
Ahrholdt, D., Greve, G., & Hopf, G. (2023). *Online-Marketing-Intelligence. Erfolgsfaktoren,
   Kennzahlen und Steuerungskonzepte für praxisorientiertes Digital-Marketing* (2. Aufl.).
   Springer Gabler.
Albrecht, M. (2024). Zoom-Interview mit Herrn Dr. Matthias Albrecht (Geschäftsführer
   KLUG – Deutsche Allianz Klimawandel und Gesundheit e. V.) am 26. August 2024.
BMBF – Bundesministerium für Bildung und Forschung. (2024). Bildung für nachhaltige
   Entwicklung. Einstieg. Was ist BNE? https://www.bne-portal.de/bne/de/einstieg/was-ist-
   bne/was-ist-bne.html. Zugegriffen am 18.11.2024.
BMWK – Bundesministerium für Wirtschaft und Klimaschutz. (2024). KLIK green – ein
   Projekt zur Qualifizierung von Klimamanager*innen in Krankenhäusern und Reha-
   Kliniken. https://www.klimaschutz.de/de/projekte/klik-green-ein-projekt-zur-qualifizie-
   rung-von-klimamanagerinnen-krankenhaeusern-und-reha. Zugegriffen am 30.10.2024.
Bremer Energie-Konsens GmbH. (o.J.). Der Nudging Katalog. https://www.green-nudging.
   de/nudges/nudgekatalog. Zugegriffen am 31.10.2024.
BUND-Gütesiegel „Energie sparendes Krankenhaus". (2025). Homepage. https://energie-
   sparendeskrankenhaus.de/. Zugegriffen am 16.01.2025.
Cadario, R., & Chandon, P. (2020). Which healthy eating nudges work best? A meta-analysis
   of field experiments. *Marketing Science, 39*(3), 465–486.
DBU – Deutsche Bundesstiftung Umwelt. (2024). Wertschöpfungsketten. https://www.dbu.
   de/nd-bausteine/wertschoepfungsketten/. Zugegriffen am 31.10.2024.
DKTIG – Deutsche Krankenhaus TrustCenter und Informationsverarbeitung GmbH. (2024).
   Nachhaltigkeit im Krankenhaus umsetzen und machen. Nachhaltigkeitsberichte in
   Krankenhäusern gesetzeskonform erstellen. https://mein-nachhaltiges-krankenhaus.de/.
   Zugegriffen am 31.10.2024.
EMAS – Eco-Management and Audit Scheme. (2024). Über EMAS. https://www.emas.de/
   was-ist-emas. Zugegriffen am 17.10.2024.

Ernest & Young. (2023). Digital und nachhaltig die Zukunft sichern. Wie Unternehmen die Twin Transformation als Vorreiter meistern können. https://www.ey.com/de_de/functional/forms/download/ey-studie-digital-und-nachhaltig-die-zukunft-si. Zugegriffen am 31.10.2024.

Gattig, A., & Hendrickx, L. (2007). Judgmental discounting and environmental risk perception: dimensional similarities, domain differences, and implications for sustainability. *J. Soc. Issues, 63*(1), 21–39.

Gremm, D. (2024). *Online-Marketing ohne Budget. 50 einfache Anleitungen für mehr Erfolg als Selbständiger, Start-up oder KMU.* Springer Gabler.

Grimm, A., & Malschinger, A. (2021). *Green Marketing 4.0. Ein Marketing-Guide für Green Davids und Greening Goliaths.* Springer Gabler.

Hamburg, I. (2020). Learning For sustainable development through innovation in SMEs. *Advances in Social Sciences Research Journal, 7*(8), 371–381. https://doi.org/10.14738/assrj.78.8867

Harff, C., & McLachlan, C. (2021). *Corporate nudging.* Haufe.

Helios Kliniken GmbH (2024). Wir leben Nachhaltigkeit. https://www.helios-gesundheit.de/standorte-angebote/kliniken/mittelweser/aktuelles/unser-oekologischer-fussabdruck/wir-leben-nachhaltigkeit/. Zugegriffen am 07.11.2024.

Hoffmann, M. (2022). Nachhaltigkeit und Ressourcenschonung im Krankenhaus. In J. F. Debatin, A. Ekkernkamp, B. Schulte, & A. Tecklenburg (Hrsg.), *Krankenhausmanagement. Strategien, Konzepte, Methoden* (4. Aufl., S. 68–73). Medizinisch Wissenschaftliche Verlagsgesellschaft.

Hoffmann, M. (2024). Zoom-Interview mit Herrn Dr. Marc Hoffmann (Stabsstelle Umweltschutz und Nachhaltigkeit, Universitätsklinikum Jena) am 27. August 2024.

Horneber, M., Möller, C., & Tegtmeier, C. (2023). *Nachhaltigkeitsmanagement im Gesundheitswesen. Verantwortung für die Zukunft übernehmen.* Kohlhammer.

Hungenberg, H., & Wulf, T. (2015). *Grundlagen der Unternehmensführung. Einführung für Bachelorstudierende* (5. Aufl.). Springer Gabler.

Hutter, K., & Hoffmann, S. (2013). *Professionelles Guerilla-Marketing. Grundlagen – Instrumente – Controlling.* Springer Gabler.

Johanniter GmbH. (2024). Nachhaltigkeit. https://www.johanniter.de/johanniter-gmbh/ueber-uns/nachhaltigkeit/. Zugegriffen am 27.10.2024.

KLIK green. (2024). Projektbeschreibung KLIK green. https://www.klik-krankenhaus.de/das-projekt/projektbeschreibung/. Zugegriffen am 30.10.2024.

Klinikum Bayreuth. (2024). Leitbild der Klinikum Bayreuth GmbH. https://klinikum-bayreuth.de/unternehmen/leitbild. Zugegriffen am 27.10.2024.

Klinikum Fulda. (2021). F.A.Z.-Auszeichnung: „Exzellente Nachhaltigkeit 2021" – Klinikum Fulda auf Platz 1 in Deutschland. https://www.klinikum-fulda.de/f-a-z-auszeichnung-exzellente-nachhaltigkeit-2021-klinikum-fulda-auf-platz-1-in-deutschland/. Zugegriffen am 25.07.2024.

Klinikum Worms. (2024). Leitbild Klinikum Worms. https://www.klinikum-worms.de/leitbild-des-klinikum-worms.html. Zugegriffen am 27.10.2024.

Kreutzer, R. T. (2021). *Praxisorientiertes Online-Marketing. Konzepte – Instrumente – Checklisten* (4. Aufl.). Springer Gabler.

Kreutzer, R. T. (2022). *Praxisorientiertes Marketing. Grundlagen – Instrumente – Fallbeispiele* (6. Aufl.). Springer Gabler.

Kreutzer, R. T. (2023). *Kreislaufwirtschaft. Wie Projektplanung und Umsetzung gelingen.* Springer Gabler.

Loßin, A., Kesting, T., & Schubert, R. (2024). Auswirkungen der obligatorischen Nachhaltigkeitsberichterstattung auf die Kommunikation und Durchführung von Klimaschutzaktivitäten von Krankenhäusern. Wird der Nachhaltigkeitsbericht zum Gamechanger in der Klimakommunikation? *Das Krankenhaus, 11*, 990–995.

LWL-Klinik Lengerich. (2022). Unsere Umweltleistungen der letzten Jahrzehnte. https://www.lwl.org/klinik_lengerich_download/lwllen_10JahreEMAS_297x150_09_barrierefrei_1.pdf. Zugegriffen am 17.10.2024.

Meffert, H., & Rohn, F. (2011). Healthcare Marketing – Eine kritische Reflexion. *Marketing Review St. Gallen, 28*(6), 8–15.

Meffert, H., Burmann, C., Kirchgeorg, M., & Eisenbeiß, M. (2024). *Marketing. Grundlagen marktorientierter Unternehmensführung. Konzepte – Instrumente – Praxisbeispiele* (14. Aufl.). Springer Gabler.

Meisler, L. (2020). *Behavioral Insight – Intuitiv zu einem gesünderen Lebensstil.* Zürich: Bundesamt für Gesundheit; NCD. https://www.bag.admin.ch/dam/bag/de/dokumente/npp/ncd/verhaltenskonomie/verhaltenseokonomie_bericht_zhaw.pdf.download.pdf/Behavioural_Insights_de.pdf. Zugegriffen am 17.10.2024.

Ministerium für Umwelt, Klima und Energiewirtschaft Baden-Württemberg. (2024). Über die WIN-Charta. https://www.nachhaltigkeitsstrategie.de/wirtschaft/win-charta/ueber-die-win-charta#top. Zugegriffen am 18.11.2024.

Moock, P. (2024). *SDGs im Mittelstand. Nachhaltigkeit in Unternehmen ganzheitlich umsetzen.* Springer Gabler.

Pinkawa, P. (2024). Transparenz statt Greenwashing. Nachhaltigkeitskommunikation im Zeichen der Green Claims Directive. *Forum, 3*, 115–116.

Platschke, K. (2020). *Das Anti-Greenwashing-Buch. Eine Schritt-für-Schritt-Anleitung für ehrliche Nachhaltigkeit im Unternehmen* (2. Aufl.). Springer Gabler.

Reisinger, S., Gattringer, R., & Strehl, F. (2013). *Strategisches Management. Grundlagen für Studium und Praxis.* Pearson.

Rumler, A., & Wagner, L. (2025). *Green Nudging. Der Schlüssel zur nachhaltigen Veränderung.* Springer Gabler.

Scherenberg, V., & Kesting, T. (2023). Marketing meets Sustainability. Im multiplen Spannungsfeld stichhaltig kommunizieren. *Health & Care Management, 14*(7), 60–63.

Schneider, U., & Pennerstorfer, A. (2014). Der Markt für soziale Dienstleistungen. In A. Arnold, K. Grunwald, & B. Maelicke (Hrsg.), *Lehrbuch der Sozialwirtschaft* (4. Aufl., S. 157–183). Nomos.

Schubert, R., Lender, M. C., & Asjoma, C. (2024). *Nachhaltigkeitsberichterstattung in Krankenhäusern. Ein Leitfaden zur Umsetzung und Erfüllung der CSRD.* Kohlhammer.

Siemens. (2024). Smart Hospitals: digital, sicher und nachhaltig. https://www.siemens.com/de/de/branchen/gesundheitswesen/intelligente-krankenhaeuser.html?gclid=EAIaIQobChMIzv7hI37iAMVQ4KDBx0fIy_JEAAYAiAAEgJlIPD_BwE&acz=1&gad_source=1. Zugegriffen am 01.11.2024.

Städtische Kliniken Mönchengladbach. (2024). Unser Leitbild. https://sk-mg.de/de/Unser-Leitbild-.htm. Zugegriffen am 27.10.2024.

Statista. (2024). Statistik-Report zur Social-Media-Nutzung in Unternehmen. https://de.statista.com/statistik/studie/id/10865/dokument/social-media-nutzung-durch-unternehmenstatista-dossier/. Zugegriffen am 01.11.2024.

SVR – Sachverständigenrat zur Begutachtung der Entwicklung im Gesundheitswesen und in der Pflege. (2023). Resilienz im Gesundheitswesen. Wege zur Bewältigung künftiger

Krisen. Gutachten 2023. Medizinisch Wissenschaftliche Verlagsgesellschaft, Berlin. https://www.svr-gesundheit.de/fileadmin/Gutachten/Gutachten_2023/Gesamtgutachten_ ePDF_Final.pdf. Zugegriffen am 22.10.2024.

UKJ – Universitätsklinikum Jena. (2024a). Stabsstelle Umweltschutz und Nachhaltigkeit. https://www.uniklinikum-jena.de/umweltschutz/. Zugegriffen am 22.10.2024.

UKJ – Universitätsklinikum Jena. (2024b). Umweltschutzbericht 2022. https://www. uniklinikum-jena.de/MedWeb_media/Corporate+Design+Bilder/Sonstige+Bil-der+und+Dateien/Umweltbericht+2022_Schutz.pdf. Zugegriffen am 29.10.2024.

Universitätsklinikum Stuttgart. (2024). Nachhaltigkeit am Klinikum Stuttgart. https://www. klinikum-stuttgart.de/das-klinikum/ueber-uns/qualitaet/zertifizierungen/nachhaltigkeit. Zugegriffen am 22.10.2024.

Universitätsklinikum Tübingen. (2024). Stabsstellen des Klinikumsvorstands. https://www. medizin.uni-tuebingen.de/de/das-klinikum/stabsstellen#nachhaltigkeit. Zugegriffen am 22.10.2024.

Universitätsmedizin Göttingen (UMG). (2023). 08/02/2023 | Presseinformation Nr. 085/2023. „Deutschlands Beste – Nachhaltigkeit 2023": FOCUS-Money zählt UMG zur Bestengruppe unter Deutschlands Kliniken. https://www.umg.eu/en/news-detail/ news-detail/detail/news/deutschlands-beste-nachhaltigkeit-2023-focus-money-za-ehlt-umg-zur-bestengruppe-unter-deutschlands-kl/. Zugegriffen am 25.07.2024.

Voß, T. (2024). Zoom-Interview mit Herrn Thomas Voß (Kaufmännischer Direktor LWL-Kliniken Münster und Lengerich) am 2. September 2024.

ZUKE – Zukunft-Krankenhaus-Einkauf (2024). Homepage. https://zuke-green.de/. Zu-gegriffen am 31.10.2024.

Zentrale Handlungsempfehlungen und Leitfaden für die Praxis

4

4.1 Prämissen: Nachhaltig agieren und kommunizieren

Zunächst sind Grundlagen zu schaffen, die ausschlaggebend für glaubwürdige Nachhaltigkeitskommunikation gesundheitswirtschaftlicher Organisationen sind. Je nach Grad des nachhaltigen Engagements können vier Unternehmenstypen differenziert werden (vgl. Hinrichs, 2023, S. 31–32):

1. **Taktgeber**-Unternehmen erarbeiten ihre Gewinne von Anfang an umwelt- und sozialverträglich und leisten damit einen wesentlichen Beitrag zur Lösung gesellschaftlicher Nachhaltigkeitsprobleme.
2. **Stillhalter** konzentrieren sich strikt auf ökonomische Ziele und richten ihr Handeln ausschließlich an Shareholder-Interessen aus.
3. **Nachfolger** berücksichtigen zunehmend soziale und ökologische Aspekte, bleiben aber primär auf ökonomische Ziele fokussiert, wobei sie nicht nur Shareholder, sondern auch weitere-Stakeholder einbeziehen.
4. **Umwandler** integrieren soziale, ökologische und ökonomische Ziele gleichwertig in ihre Geschäftsstrategie und streben eine ausgewogene, nachhaltige Entwicklung an.

Expertenaussagen untermauern, dass externe Anspruchsgruppen genau erkennen, wer Vorreiter (Taktgeber) beim Nachhaltigkeitsengagement ist. Dies werde gewürdigt, auch bei nicht den Kernzielgruppen angehörigen Personen (vgl. Voß, 2024, Interview), und erfordert eine durchweg glaubwürdige Nachhaltigkeitskommunikation. **Stillhalter** riskieren Wettbewerbsnachteile, da potenzielle Mit-

© Der/die Autor(en), exklusiv lizenziert an Springer Fachmedien Wiesbaden GmbH, ein Teil von Springer Nature 2025
T. Kesting, V. Scherenberg, *Nachhaltigkeitskommunikation in der Gesundheitswirtschaft*, Edition Nachhaltig wirtschaften, https://doi.org/10.1007/978-3-658-47358-7_4

arbeitende bei der Arbeitgeberwahl im gesundheitswirtschaftlichen Bereich zunehmend organisationales Nachhaltigkeitshandeln als Entscheidungskriterium einbeziehen (vgl. Voß, 2024, Interview). Gesundheitswirtschaftlichen Organisationen wird also eine besondere gesellschaftliche Verantwortung zuteil, sodass die Stillhalter-Rolle zu Unmut und Unverständnis bei Anspruchsgruppen führen könnte. In Sachen Nachhaltigkeit sehr aktive Häuser wie das UKJ lassen sich als **Umwandler** einordnen und bieten eine Vorlage und Orientierung für Nachfolger und Stillhalter.

Bezugnehmend auf die in Kap. 1 adressierte Kategorisierung sind Planung und Entwicklung, Umsetzung und Kommunikation des Nachhaltigkeitsengagements zu berücksichtigen. Die Krankenhaus-Beispiele verdeutlichen die Notwendigkeit eines ganzheitlichen Verständnisses gemäß der Twin Transformation (vgl. Abschn. 3.2). Es bedarf einer organisationsinternen kulturellen Offenheit, die im Sinne des Bottom-up-Ansatzes Mitarbeitenden eigene Nachhaltigkeitsaktivitäten ermöglicht. Dies erfordert einen Top-down-Ansatz mit für Nachhaltigkeitsengagement motivierten Führungskräften, einer organisationsstrategischen Verankerung (Nachhaltigkeit im Leitbild, Stabsstelle Nachhaltigkeit etc.) und einer motivierenden internen Kommunikation (Nudges an die Mitarbeitenden, Ermutigungen zu Engagement in Arbeitsgruppen, für das betriebliche Vorschlagswesen etc.), das Setzen positiver Anreize (z. B. Sonderurlaub für Engagement) sowie die Sichtbarmachung (und „Feiern“) und damit Wertschätzung gemeinsamer Erfolge. Die strategische Verankerung ermöglicht eine weitere Planung und Entwicklung.

Die Umsetzung kann in kleineren Projekten erfolgen, wobei eine übergeordnete Strukturierung der Aktivitäten und deren Kommunikation im Sinne eines roten Fadens unerlässlich ist, um eine professionelle interne und externe Kommunikationswirkung zu realisieren. Die Außenkommunikation ist kanalübergreifend zu gestalten, bspw. mit (internen) Testimonials (Mitarbeitende etc.). Im Vorfeld der Umsetzung bedarf es eines detaillierten Kommunikationsplans. Zu klären ist, wer zu informieren ist. Hierbei sind a priori die jeweiligen Stakeholder-Interessen in Erfahrung zu bringen und zu berücksichtigen. Entscheidend ist, dass organisationsseitig Verantwortliche für die Kommunikation gegenüber den jeweiligen Anspruchsgruppen und in Bezug auf deren Reaktion festgelegt werden (vgl. Thiemann, 2023, S. 31).

Bei der Kommunikation sind folglich zwei Dimensionen zu betrachten – die *strategisch-planerische* und die *inhaltliche*. Inhaltlich sind die abgeleiteten Prämissen glaubwürdiger Kommunikation zu beachten. Wirksam sein können auf vielen Kanälen emotionale Stories und persönliche Statements, wobei diese mit nachvollziehbaren Daten und Fakten zu untermauern sind, um die Glaubwürdigkeit sicherzustellen. In diesem Kontext sind Interaktion mit und Feedback von den (externen und internen) Zielgruppen im Sinne eines Lernprozesses wichtig, um z. B. von Patient*innen und Mitarbeitenden eine Resonanz auf nachhaltiges Speiseangebot zu erhalten, wahrgenommene Diskrepanzen zu erheben und Verbesserungen einleiten zu können. So lassen sich sowohl das nachhaltige Engagement als auch die Kommunikation über das Nachhaltigkeitsengagement optimieren.

4.2 Leitfaden für nachhaltiges Handeln und dessen Kommunikation in der Gesundheitswirtschaft

Gerade die Kommunikation in der Gesundheitswirtschaft ist sehr sensibel. Umso wichtiger ist es, dass nachhaltiges Handeln und dessen Kommunikation glaubwürdig und authentisch sind. Auf Basis der vorangestellten Ausarbeitungen, bestehender Konzepte, (z. B. Global Reporting Initiative; GRI) und der Interviews entstand folgender Leitfaden, der gesundheitswirtschaftlichen Organisationen dabei helfen soll, entsprechend zu agieren:

1. **Was sind die Vision und das Selbstverständnis der Nachhaltigkeitsstrategie?**
   - Welche Kernwerte sind in Bezug auf Nachhaltigkeit am wichtigsten?
   - Welche langfristigen und messbaren Nachhaltigkeitsziele sollen erreicht werden?
   - Wurden bei der Entwicklung der Nachhaltigkeitsstrategie Mitarbeitende und wichtige Stakeholder (z. B. Patient*innen?) einbezogen?
2. **Welche Kernbereiche des nachhaltigen Handelns sollen priorisiert werden?**
   - Wie lässt sich der Ressourcenverbrauch effizienter gestalten?
   - Wie wird sichergestellt, dass Produktions- und Beschaffungsprozesse sowie Kommunikationsprozesse nachhaltig sind?
   - Welche Maßnahmen werden ergriffen, um eine nachhaltige Unternehmenskultur zu fördern?
3. **Wie wird Nachhaltigkeitsengagement geplant und finanziert?**
   - Welche regionalen Besonderheiten sollten beachtet werden?
   - Welche Maßnahmen können priorisiert werden, um unsere Nachhaltigkeitsziele effizient zu erreichen?
   - Welche Projekte bieten das beste Kosten-Nutzen-Verhältnis und sind am schnellsten umsetzbar?
   - Welche internen Finanzmittel stehen zur Verfügung?
   - Gibt es öffentliche Förderprogranne oder Zuschüsse, die zur Finanzierung genutzt werden können?
   - Welche Investitionen sind kurzfristig erforderlich und welche Konsequenzen werden durch nachhaltige Praktiken erwartet?

- Können (weitere) Partnerschaften mit externen Organisationen dazu beitragen, Nachhaltigkeitsaktivitäten finanziell zu unterstützen?
- Welche zusätzlichen externen Quellen können genutzt werden (z. B. Hochschulprojekte zur personell-inhaltlichen Unterstützung)?

4. **Wie wird die Nachhaltigkeitsstrategie nachverfolgt und Erfolge gemessen?**
   - Welche Maßnahmen und Verantwortlichkeiten wurden festgelegt, um Nachhaltigkeitsziele zu erreichen?
   - Welche Kennzahlen werden verwendet, um nachhaltigkeitsbezogene Fortschritt zu überwachen?
   - Wie wird der ROI (Return on Investment) für nachhaltige Maßnahmen gemessen?

5. **Wie wird nachhaltiges Handeln intern kommuniziert und gefördert?**
   - Wie werden Mitarbeitende geschult (Stichwort: BNE) und regelmäßig über Nachhaltigkeitsthemen informiert?
   - Inwiefern werden nachhaltige Verhaltensweise durch „sanfte Anstupser" (Nudges) unterstützt?
   - Welche lokalen Aktivitäten oder Aktionen auf ökologischer oder sozialer Ebene gibt es, die unterstützt werden können?
   - Wie werden die Beteiligung und das Feedback von Mitarbeitenden in Bezug auf Nachhaltigkeitsthemen gefördert?
   - Wie wird nachhaltiges Handeln bzw. besondere Erfolge gewürdigt, wertgeschätzt oder gefeiert?
   - Agieren Führungskräfte nachhaltig und werden sie als Vorbilder als nachhaltige Akteure wahrgenommen?

6. **Wie wird nachhaltiges Handeln extern gestaltet und kommuniziert?**
   - Wie wird sichergestellt, dass die Kommunikation zu Nachhaltigkeitsthemen authentisch und transparent ist?
   - Wie bei der Zusammenarbeit mit relevanten Partner*innen sichergestellt, dass nachhaltige Ziele verfolgt werden?
   - Welche glaubwürdigen Nachweise können bereitgestellt werden, um Nachhaltigkeitsmaßnahmen transparent zu machen und Greenwashing-Vorwürfen vorzubeugen bzw. diese zu entkräften?
   - Wird erhoben, was Stakeholdern wichtig ist?
   - Gibt es Möglichkeiten für Gemeinschaftsaktionen oder Gemeinschaftswerbung in Sachen Nachhaltigkeit?

7. **Wie werden die Nachhaltigkeitsbemühungen kommuniziert und evaluiert?**
   - Wie erfolgt eine transparente und nachvollziehbare Veröffentlichung der Nachhaltigkeitserfolge?

- Welche Zielgruppen werden über welche Kanäle in welchem Stil und mit welchen Inhalten und Botschaften angesprochen?
- Wie kann Storytelling schlüssig zur Untermauerung der Nachhaltigkeitskommunikation eingesetzt werden?
- Wie wird (externes und internes) Feedback genutzt, um die Nachhaltigkeitskommunikation zu verbessern?

8. **Wie erfolgt eine Vorbereitung auf potenzielle (nachhaltigkeitsbezogene) Risiken?**
   - Welche Risiken (z. B. ökonomischer Druck) könnten Nachhaltigkeitsziele gefährden und wie werden diese Risiken identifiziert?
   - Wie erfolgt eine Vorbereitung auf unvorhersehbare Ereignisse (z. B. Pandemie), die die Nachhaltigkeitsstrategie beeinflussen können?
   - Werden mögliche Zieldivergenzen – zwischen ökonomischen, sozialen und ökologischen Zielen – proaktiv identifiziert, um diese zu beseitigen oder abzuschwächen?

9. **Wie werden Innovation und kontinuierliche Verbesserung im Bereich Nachhaltigkeit gefördert?**
   - Welche neuen nachhaltigen Produkte oder Prozesse können (mit wem gemeinsam) entwickelt werden?
   - Gibt es ggf. einen Nachhaltigkeitsbeirat (bestehend aus internen und externen) Akteur*innen zur langfristigen Förderung der Nachhaltigkeit?
   - Wie erfolgt eine kontinuierliche Anpassung der Nachhaltigkeitsstrategie auf Basis neuer Erkenntnisse?

EXTRA-TIPPS für kleinere gesundheitswirtschaftliche Organisationen

Für kleinere Organisationen (z. B. Arztpraxen, Apotheken, Physiotherapiepraxen, Dentallabore, Optiker*innen) sind einige Besonderheiten zu beachten. Ihnen stehen oft weniger personelle und finanzielle Ressourcen zur Verfügung, sie können weniger von Skaleneffekten profitieren und die Kosteneffektivität von Nachhaltigkeitsmaßnahmen ist niedriger. Indes sind sie oft flexibler und lokal stärker vernetzt. Angesichts dieser Besonderheiten lassen sich für sie folgende Tipps ableiten:

1. **Engagement und Commitment der Inhaber*innen bzw. der Geschäftsführung:** Kleinere Organisationen sind häufig top-down ausgerichtet. Dies kann bzgl. Nachhaltigkeit sehr effektiv sein, da engagierte Inhaber*innen die strategische Integration von Nachhaltigkeitszielen direkt vorantreiben können. Diese Struktur ermöglicht es, klare Richtlinien vorzugeben und sicherzustellen, dass die gesamte Organisation die nachhaltigkeitsbezogenen Ziele unterstützt. Durch die enge Zusammenarbeit zwischen Führung und Mitarbeitenden können krea-

tive Ideen leichter aufgegriffen und umgesetzt werden. Dabei ist das Vorbild-vorhalten von Inhaber*innen durch die Nähe zu den Mitarbeitenden wichtiger als bei Großunternehmen der Gesundheitswirtschaft.

2. **Engagement und Commitment der Mitarbeitenden:** Ein gemeinsam er-arbeitetes Nachhaltigkeitsleitbild kann dazu beitragen, dass Ziele gelebt wer-den, da die Mitarbeitenden einbezogen werden und so das Engagement für nachhaltige Praktiken gestärkt wird. Auch Nudging-Maßnahmen können eine kostengünstige Option für kleine Organisationen darstellen, um Mitarbeitende an umweltfreundliche Verhaltensweisen zu erinnern (z. B. Energiesparen).

3. **Nachhaltigkeitsinitiativen im Rahmen verfügbarer Ressourcen:** Angesichts begrenzter Ressourcen ist es gerade für kleine Organisationen ratsam, zunächst in kleinerem Rahmen aktiv zu werden, bspw. durch die Teilnahme an öffentlich-keitswirksamen Veranstaltungen wie kommunalen Nachhaltigkeitstagen. Erste Schritte können auch außerhalb des Kerngeschäfts erfolgen, indem kosten-günstige Maßnahmen und Anreize (Nudges) eingeführt werden, die Mitarbei-tende und andere Stakeholder ansprechen und durch gezielte Medienkommu-nikation unterstützt werden.

4. **Erhöhung der Sichtbarkeit nachhaltigen Handelns durch Ambient-Marketing:** Kleinere Organisationen können die Sichtbarkeit ihres Nachhaltig-keitsengagements durch kleinere, schnell wirksame und kostengünstige Kom-munikationsaktivitäten steigern. Ein Beispiel stellen Aufsteller oder Schilder in der Praxis dar, die auf die Nutzung von Energiesparmaßnahmen hinweisen, oder Vorträge über nachhaltige Projekte und Praktiken in der Organisation, um Wissen und Erfahrungen zu teilen.

5. **Steigerung der Sichtbarkeit auf lokaler Ebene durch Offline-Kommuni-kation:** Gerade in ländlichen Regionen kann sich eine Kommunikation über klassische Medien bewähren, um zentrale Ziel- und weitere Anspruchsgruppen zu erreichen. Hier können Lokalzeitungen, Radiosender und Flyer genutzt wer-den, um über Nachhaltigkeitsinitiativen oder nachhaltige Projekte (z. B. Brillen-spenden von Optiker*innen für Entwicklungsländer) auf lokaler Ebene hinzu-weisen. Dies kann Partnerschaften mit lokalen Umweltorganisationen ein-schließen.

Auch aus einer geringen Organisationsgröße kann eine strukturelle Stärke in Bezug auf Nachhaltigkeitskommunikation erwachsen. Kleine Organisationen kön-nen sich in punkto Nachhaltigkeit(skommunikation) mit verhältnismäßig wenig Aufwand nicht unerheblich von der direkten Konkurrenz differenzieren. Entschei-dend für die positive Außenwirkung ist ein professionelles und systematisches Vor-gehen unter Einhaltung der Regeln glaubwürdiger Kommunikation.

▶ **Nachhaltig merken** Nachhaltigkeitsengagement lässt sich in drei Schritte untergliedern: Planung und Entwicklung, Umsetzung und Kommunikation. Unabhängig von der Organisationsgröße erfordert effektives und effizientes Nachhaltigkeitsengagement ein strukturiertes, systematisches Vorgehen und das Commitment der Leitung. Der Umfang an Nachhaltigkeitsengagement in punkto Machbarkeit und Außenwirkung ist abhängig von der Organisationsgröße.

▶ **Nachhaltig handeln** Kennzeichnend für erfolgreiches Nachhaltigkeitsengagement ist eine interne und externe Stakeholder-Einbeziehung als Basis für die einzelnen Schritte. Positiv ausgestaltete Nudges schaffen eine zwischenmenschliche Grundlage bzw. unterstützen die individuelle und kollektive Bereitschaft zu nachhaltigem Engagement. Nachhaltigkeitsaktivitäten sind sichtbar zu machen, z. B. gegenüber Patient*innen. Die Sichtbarmachung erfolgt im Bestfall durch eine spannende, emotional berührende Geschichte. Die Einbindung interner und externer Testimonials bzw. Partner*innen kann die kommunikative Wirkung substanziell erhöhen. Organisationen, die in Sachen Nachhaltigkeit(skommunikation) mehr als üblich machen, können sich im Wettbewerb einen Differenzierungsvorteil verschaffen.

Literatur

Hinrichs, B. (2023). *Nachhaltigkeit als Unternehmensstrategie* (2. Aufl.). Haufe.
Thiemann, J. (2023). *Nachhaltigkeit in Unternehmen integrieren. Strategische Planung – Umsetzung – Monitoring.* Springer Gabler.
Voß, T. (2024). Zoom-Interview mit Herrn Thomas Voß (Kaufmännischer Direktor LWL-Kliniken Münster und Lengerich) am 2. September 2024.

Fazit

5

Der Schlüssel zu glaubwürdiger Nachhaltigkeitskommunikation liegt in einer konsequenten Anspruchsgruppenorientierung und -integration und einer durchgehenden Professionalisierung der Kommunikation (nach innen und nach außen). Hier besteht noch Potenzial, da gerade gesundheitswirtschaftlichen Organisationen eine hohe gesellschaftliche Verantwortung zugeschrieben wird. Basis für diese Kommunikation ist ein substanzielles Nachhaltigkeitsengagement im Sinne der 10 Rs nachhaltiger Organisationsführung. Diesbezüglich sind die Neugestaltung und Überarbeitung von Produkten und Prozessen (Rethink und Redesign) hervorzuheben, die im Sinne einer Kreislaufwirtschaft dem Nachhaltigkeitsgedanken strategisch Rechnung tragen.

Folglich ist die Ausrichtung der Aktivitäten an den Zielgruppen des *„Marktes für Nachhaltigkeitsengagement"* entscheidend. Dies entspricht der Grundidee des Marketings. Hierzu gehört in der Konsequenz, die Zielgruppen spezifisch und über die passenden Kanäle zu adressieren. Das können Online-Kanäle, aber auch Offline-Kanäle sein (z. B. Tageszeitungen). Mit Blick auf die Online-Kommunikation bildet die Website das Herz der Online-Kommunikation, wobei es wichtig ist, eine übergreifende Kommunikation unter konsequenter Einbeziehung der sozialen Medien sicherzustellen. Es ist darauf zu achten, je nach Kanal angemessen zu kommunizieren (z. B. eher sachlich versus eher emotional) und die Zielgruppen stilistisch passend anzusprechen. So unterscheidet sich bspw. Nachhaltigkeitskommunikation über eine Praxisfachzeitschrift einer Fachbranche substanziell von Kommunikationsmaßnahmen via TikTok.

Das Fundament erfolgreicher, glaubwürdige Nachhaltigkeitskommunikation bilden organisationsinterne Voraussetzungen und Gegebenheiten. Eine strategische

Verankerung von Nachhaltigkeit, etwa durch eine Stabsstelle Nachhaltigkeit und eine*n Nachhaltigkeitsbeauftragte*n, eine explizite Adressierung im Leitbild und eine Organisationsleitung, die Nachhaltigkeitsengagement vertritt, lebt und vorantreibt, bilden bedeutsame Voraussetzungen. Die sich vielfach im gleichen zeitlichen Kontext entwickelnde digitale Transformation bildet zusammen mit Nachhaltigkeitskommunikation die sogenannte Twin Transformation. Zudem können Mitarbeitende für Nachhaltigkeitsaktivitäten gewonnen werden, die das Thema als Multiplikator*innen nach innen und außen vertreten. Dies eröffnet Differenzierungsvorteile mit Blick auf die Arbeitgeberwahl potenzieller Mitarbeitender. Insbesondere Letztere stellen eine bedeutsame Zielgruppe der Nachhaltigkeitskommunikation dar. Wichtig ist, dass die Planung, Umsetzung und Kommunikation des Engagements professionalisiert sind. Inhaltlich, strukturell und vom Wortlaut her bedarf es zielgruppenspezifischer Anpassungen. Zudem sollte die Nachhaltigkeitskommunikation durchweg aus einem Guss erfolgen und intern professionell abgestimmt werden. Es ist eine medienübergreifend integrierte Kommunikation sicherzustellen.

Wenn Organisationen freiwillig mehr als vorgeschrieben bzw. üblich in Sachen Nachhaltigkeit unternehmen und dies kommunizieren, können sie sich durch Alleinstellungsmerkmale Wettbewerbsvorteile verschaffen (z. B. bei der Mitarbeitendengewinnung). Der Fokus der Praxisbeispiele richtete sich auf Krankenhäuser, da diese die Vielfalt der Anspruchsgruppen und Perspektiven in punkto Nachhaltigkeit besonders treffend widerspiegeln, sodass sich hieraus Implikationen für andere gesundheitswirtschaftliche Organisationen ergeben. Es zeigte sich, dass Einiges bei Klimaanpassung unternommen wird und im Bereich Klimaschutz noch ungenutztes Potenzial liegt. Abschließend bleibt festzuhalten: Glaubwürdige Nachhaltigkeitskommunikation kann sich zusätzlich positiv auf das Image des Kerngeschäfts auswirken. Insoweit birgt Nachhaltigkeitsengagement multiple Nutzenpotenziale. Derzeit besteht insb. bei Aktivitäten zum Klimaschutz noch Potenzial. Nachhaltigkeitsengagement und dessen Kommunikation hängen untrennbar zusammen: *„Tue Gutes und rede darüber!"* bzw. abgewandelt: *„Agiere nachhaltig und kommuniziere glaubwürdig und adäquat hierüber!"*

Nachhaltige Erkenntnisse

- Nachhaltigkeitsaktivitäten und deren Kommunikation sind sowohl organisationsintern zu verankern und zu gestalten als auch organisationsextern zu entwickeln, zu planen und umzusetzen.
- Im Sinne der Twin Transformation bedarf es eines ganzheitlichen Verständnisses von Nachhaltigkeitsengagement.
- Organisationsintern ist kulturelle Offenheit entscheidend, um top-down wie auch bottom-up die Basis für Nachhaltigkeitsaktivitäten und deren Kommunikation zu schaffen.
- Organisationsextern ist eine glaubwürdige und professionelle Kommunikation entscheidend, die in sich konsistent und kanalübergreifend abgestimmt ist. Sie erfolgt regelmäßig und ist aktuell zu halten.
- Ausschlaggebend für glaubwürdige und effektive interne und externe Nachhaltigkeitskommunikation sind Positivformulierungen und gezielte Nudges, die nicht bevormundend wirken.

Stichwortverzeichnis

© Der/die Herausgeber bzw. der/die Autor(en), exklusiv lizenziert an Springer
Fachmedien Wiesbaden GmbH, ein Teil von Springer Nature 2025
T. Kesting, V. Scherenberg, *Nachhaltigkeitskommunikation in der
Gesundheitswirtschaft*, Edition Nachhaltig wirtschaften,
https://doi.org/10.1007/978-3-658-47358-7

www.ingramcontent.com/pod-product-compliance
Lightning Source LLC
Chambersburg PA
CBHW070151310325
24336CB00004B/139